贺敏年 著

维特根斯坦与伦理反应
Wittgenstein and Ethical Response

上海社会科学院出版社
SHANGHAI ACADEMY OF SOCIAL SCIENCES PRESS

图书在版编目(CIP)数据

维特根斯坦与伦理反应 / 贺敏年著 . — 上海：上海社会科学院出版社，2024
 ISBN 978 - 7 - 5520 - 4408 - 9

Ⅰ．①维… Ⅱ．①贺… Ⅲ．①维特根斯坦(Wittgenstein，Ludwig 1889 - 1951)—伦理思想—研究 Ⅳ．①B561.59

中国国家版本馆 CIP 数据核字(2024)第 110478 号

维特根斯坦与伦理反应

著　　者：贺敏年
责任编辑：叶　子
封面设计：黄婧昉
出版发行：上海社会科学院出版社
　　　　　上海顺昌路 622 号　邮编 200025
　　　　　电话总机 021 - 63315947　销售热线 021 - 53063735
　　　　　https://cbs.sass.org.cn　E-mail：sassp@sassp.cn
照　　排：南京理工出版信息技术有限公司
印　　刷：上海盛通时代印刷有限公司
开　　本：787 毫米×1092 毫米　1/32
印　　张：10
插　　页：1
字　　数：215 千
版　　次：2024 年 6 月第 1 版　2024 年 6 月第 1 次印刷

ISBN 978 - 7 - 5520 - 4408 - 9/B・353　　　　定价：78.00 元

版权所有　翻印必究

前　言

伴随纷繁浩渺的引证，循环往复的转译，以及难辨虚实的流传，维特根斯坦（Ludwig Josef Johann Wittgenstein）未及展露的魅力正在展露隐匿自身的魅力。那些在其手记中俯拾即是，却无从测度的隐喻、图像、过渡、转换、断语等，无不印证这种理解的晦暗。此外，还有他因充满张力而极具传播能量的生活动态。对于世俗的遵循与择取总是受制于某种铺向异质状态的无形轨迹，步态的矫正难抵稍纵的眩晕，逻辑与伦理的相互侵入促使生活本身最终形变为生活的界限。这一切似乎使得"理解维特根斯坦"成为一个纯粹的逻辑表述：作为自身的逻辑形式，并且"照料自身"。

不过，这一关乎自我理解的疏离恰恰反衬出维特根斯坦的重要洞见：通往逻辑的言说之路最终融汇于语言实践的自行显示。他预言思想的魅惑在其急促的飞旋中落定于我们的生活河流，并最终沉淀为生活本身的种种困惑。这些支离破碎、难以尽述的困惑既预示思想与行动的统一性，也预警达成统一性的漫长险途。从魅惑步入困惑，既是哲学的归宿，也是生活的源泉。在其严格凌厉的逻辑思考、持重多面的哲学操练、坚实深沉的虔敬生活中，维特根斯坦致力于将一种异质于日常的逻辑纯粹性经由语言与生活的淬炼最终形塑为一种严肃而忠实的伦理状态，一种真正"对待灵魂的态度"。正是这一关乎人类生活实践之伦理本性的哲学省察蕴含着某种深刻的实践哲学基调，而维特根斯坦在"何为人"这一康德式的根本问题上启动了一个深刻但仍晦暗的思想契机：人的实践本性植根于某种深沉持久的自我调适，一种旨在"逻辑-伦理"之间铸就动态平衡的"人的反应形式"[1]。要言之，反应即本质。

本书在此语境下解析维特根斯坦"实践哲学"的基本意蕴，并在其后实证光芒中追踪当代话语实践的内在反应形式。就此而言，本书无意建构任何特定形式的"维特根斯坦主义实践理论"，而毋宁说是一种有关维特根斯坦哲学之当代效应的谱系学侦测。鉴于此，本书的策略在于将维特根斯坦的实践哲学内涵与他关于"逻辑-伦理"之联动品格高度相连，并且深化为以下依次递进的三项要求：审视哲学家个体生活与哲学行动之间的统一性；剖析塑成这种统一性的内在要素及其在日常话语实践中的转换形式；详细测定这些转换形式的内在反应逻辑及其外部效应。对维特根斯坦而言，个体生活与哲学行动的统一性既是确立运思逻辑的基本条件，亦构成一项关乎哲学本性的伦理诫命。因此，一种实践效应的生成、扩展与哲学的伦理品格紧密相连，并且深刻地呈现为"逻辑-伦理"的持久张力；所谓实践哲学的内核，即一种植根其中，并分化为"语用-精神""言说-显示""表征-内省""结构-

---

[1] ［德］莱纳·福斯特：《辩护的权利》，刘曙辉译，上海人民出版社2023年版，第40页。

功能"等之间张力的自主反应。重要的是，这种伦理张力与自主反应既是促发个体思想形变的动力，也是编制哲学统一性的关键符码。

鉴于此，本书首先聚焦内嵌于维特根斯坦生活史的那个著名"转折"，通过解析"转折"自身特殊的伦理品质，为呈现潜存其中的实践哲学意蕴提供一种微观界面。对于"感觉-心理"秩序的关切构成"转折"时期的关键主题，而促成"转折"的契机就源自基于感觉心理分析的有关哲学行动之"精神地缘性"的觉识，后者促动维特根斯坦从早期关于阐明表达结构的客观化诉求逐渐转向对刻画具体言语实践的规范性诉求，从而将阐明心理秩序的确证策略在很大程度上锚定在话语实践之复杂、多重的语用规范及其秩序想象。进一步，这一探究逻辑内在地要求必须突破作为心理秩序之特定例示的日常感觉经验，实现关于一般心理语汇的语法扩展，而这点密切关联于对"内在性"观念及其秩序特性的识别与解析。因此，第二章将着重评析维特根斯坦针对基于"内在性"框架的各种内省式推定模型的批评，尝试厘清前述心理秩序的规范内涵在"内在-外在""心理-社会""逻辑-伦理"等概念张力的可能转译中所包含的深刻的实践哲学启示。

进一步，关于心理秩序的语用学考察在方法论上提出了两个至关重要的衍生问题：其一，如何从更一般意义上理解概念秩序的规范特性？其二，如何评估这种探究的有效性与基于因果解释的客观性之间的内在关联？这两个问题分别构成第三章与第四章的主题。第三章将接续维特根斯坦关于感觉心理语法的讨论，将概念范畴的疆域进一步锚定在更具认知意蕴的知觉经验的层面上，着力剖析知觉经验的语用表达在何种意义上与概念秩序的规范内涵相互关联。对此，我们将借助麦克道威尔（J. McDowell）对维特根斯坦的一个重要转化来尝试阐明这一点。第四章聚焦于将前述概念张力置于因果解释机制之客观性视角下加以审视，正是因果与意向的关系问题引发了一种有关维特根斯坦实践哲学的全新审视，并且系统地呈现在对一种"实践推理"及其客观有效性的探究中；通过"实践推理"这一特殊端口，关于实践逻辑之内在特性的理解视角从以"因果-意向"为主轴的传统视角，在维氏哲学的淬炼下转换为以"日常性-现成性""相似性-陌生性"等为基点的当代视角，后者在哲学方法论上激发了一种具体的"日常实践分析"。

日常实践的介入将"逻辑-伦理"的传统冲突置于话语实践的本体环境中。因此，第五章将在哲学语用学视域下结合"实践学"这一特殊模型，深入分析话语实践的崛起在现代性实践中的具体表达，尝试探究处在话语关系中的日常实践的复杂性内涵及其背后的维特根斯坦哲学影响。实际上，在塑造和规定日常实践规范性的过程中，话语实践本身的自反化倾向使其在关于社会结构与功能的解释中形成了某些理论变体。在此，我们将着重考察两种最具代表性的当代话语理论模型："交往模型"与"权力模型"。在社会哲学语境下，造成两种理论对峙的关键在于对社会关系之决定性层面的不同强调。尽管交往与权力的焦点均指向对社会空间之动态平衡特征的呈现方式，但是对于"社会关系之决定性层面"的分歧促使两者就话语实践提出了不同的整合策略：要么是基于交往有效性要求的"言语行为"，要么是交织在权力关系中的"话语事件"。但是，两种模型在社会解释层面上均面临困境，两者均试图通过承诺某种实质的、绝对的本体因素来规定话语实践的本性，因而均仅着眼于社会关系的局部面相，忽视了现代性实践之复杂的内在联动性。

基于维特根斯坦的实践哲学启示，有关概念扩容的新要求引出一个重要的反思视角，即符号场域中的实践规范。由此，第六章将转向一种布尔迪厄（P. Bourdieu）所推荐的特殊的经济学转喻，尝试厘清在"符号资本"的微观界面上的融通交往与权力的符号化的实践逻辑。正是这种符号化的实践逻辑，一方面促使话语实践的符号化进程逐渐从"普遍-情境"的语用学对峙中实现跃迁，并使交往关系与权力关系在此符号实践中转化为复杂的符号增殖与符号暴力；另一方面，在虚拟的社会关系中植入了一种真实性，并且在习性和场域的整体实践中被塑造为一种趋向未来的"游戏感"。于是，源于维特根斯坦的"语言游戏"及作为其运行背景的"生活形式"，在符号资本场域的淬炼中获得了某种崭新的理解形态。在实践逻辑的运行中，这种新的理解力求在一种实践经济的整体趋向性与个体行动的自主性之间保持某种深刻的平衡，后者在资本镜像下映照着一种流转于日常生活的自主反应的实践逻辑。

因此，一种维特根斯坦式的实践哲学内涵最终将落定在关于"逻辑-伦理"关系的崭新理解上，这点植根于关于"生活形式"

及其实践本性的详细阐明。于是，第七章将重返维特根斯坦，通过对"生活形式"的语法考察显明蕴含其中的高度的实践品格。作为一种实践策略的生活形式，一方面为基于"意向-规则"叙事的日常实践的内在规范提供了概念支撑；另一方面，也为进一步解析维氏哲学中的行动伦理内涵赋予了新的方法论视角。我们尝试将这种作为生活形式之实践指引的伦理表征刻画为一种"伦理反应"（ethical response），后者作为一种非范导的、情境导向的实践筹划，从根本上着眼于对当下实际生活经验的伦理省察，并且肩负着一种恢复自我理解与重启人际尊严的实践吁求，从而为权衡一种基于维特根斯坦实践哲学的行动伦理提供了新的思考契机。

目录

1 前言

1 第一章 心灵规范的语用确证

55 第二章 "内在性"与心理批判

117 第三章 经验场及其概念运作

169 第四章 实践逻辑的客观性

213 第五章 实践反思的伦理限度

257 第六章 符号场域下的情境认定

283 第七章 生活形式与伦理反应

307 附 录 维特根斯坦著作缩写列表

309 后 记

第一章
心灵规范的语用确证

> "丰旋律与语言处于相互作用之中。"
> ——维特根斯坦[1]

多年以后,当年迈的证伪大师卡尔·波普尔(Karl Popper)回想起发生在 1946 年 10 月 25 日晚剑桥国王学院吉布斯大楼 H3 室的那场争执时,仍能清晰地感觉到那次事件在其智性生涯里所造成的长久隐痛。尽管在大卫·爱德蒙(David Edmonds)[2] 笔下,争执的肇端在种种视角变换下几近变成 H3 室的"罗生门",但维特根斯坦高举火钳的形象无疑成为最具传播功能的一刻。对于初登荣殿的波普尔而言,这只是一次巩固身份的智性较量,但在维特根斯坦那里情况并非如此明朗。在某种程度上,这是长久以来存续在言说与沉默之间张力的再次显现,波普尔只是提供了一个外部刺激,而维特根斯坦真正遭遇的依然是那个介于伦理与逻辑之间的阴沉泥淖。紧张与深邃在此共生,它们合力铸就了一个自主反应的逻辑时刻。问题在于,这种反应究竟意味着什么?

---

1. L. Wittgenstein, *Zettel*, Oxford: Blackwell, 1981, p.102.
2. David Edmonds & John Eidinow, *Wittgenstein's Poker: The Story of a Ten-Minute Argument between Two Great Philosophers*, New York: Harper Perennial, 2002.

这里触及一个重要直觉，即言说与沉默的张力不可避免地凸显在行动与思想的关系中，而平衡张力的方式就立足于对两者间统一性的探查。那么，产生这一直觉的原点何在？在发生意义上，行动的境遇性和思想的局部性暗示着共同的界限，即某种不可规避的情境依赖。实际上，正是基于这种伦理的促动，所谓"过渡时期"维特根斯坦哲学运思的一个关键方面即在于对"感觉-心理"秩序的持续关切。从维特根斯坦在这一时期不断调整思考方案的过程中可以看到，显明感知与陈述、心理与表达、哲学与行动等内容之间的密切关联始终贯穿于其整个思想活动。事实上，伴随回归"现象"与"日常"，有关哲学行动之精神地缘性的觉识促使维特根斯坦从早期关于阐明表达结构的客观化诉求逐渐转向对刻画具体言语实践的规范性诉求，而逻辑秩序的统一性与单义性则在实践分析中被具体化为感觉心理秩序的多重性与复杂性。

在维特根斯坦看来，对于"感觉-心理"秩序的哲学探究密切关联于感知经验的日常表达形式，而这种语法联系与语用规范深刻地依赖于对"内在性"论域的全新审视，他由此揭示出感觉心理秩序的语义特性及其在人际转换中的规范内涵。鉴于此，这种语法探究就在哲学策略以及相关论域上均实现了某种扩容。概言之，日常感觉经验仅作为个体心理秩序的特定例示，因此必然吁求对感觉的语法追踪需超出感知经验的领域，即由单纯的感觉表达式渗透至心理语汇，并深化为对相关心理学概念的详细探查。借这种语法扩展，维特根斯坦意在澄清一个关键要旨：对于心理秩序与生活情境之间关系的理解深刻地依赖于一种植根于语言实践的规范内涵及其背后的秩序想象。

1. 转折:"精神现象学"

在维特根斯坦1929年重返剑桥以后的早期笔记[1]和讲座文稿中,我们可以发现其思考的主题开始大量地聚焦于对感觉语汇的概念分析和语法考察。[2]运思主题的转换以及同期文本风格中所展现出的大量的游移、变化、矛盾、回旋等,一方面折射出维特根斯坦调整其哲学策略的"过渡"特性;另一方面,在更重要的意义上暗含着此时维氏智性关切上的某种突破,即就如何安置哲学与人的关系这一贯穿其一生的困惑给予全新的考察。在其笔记《哲学评论》(PR)的"前言"[3]部分,维特根斯坦明确表露了这种智性转变的深层缘由:

> 本书献于那些为此书的精神持同情态度的人,其精神不同于我们所有人跻身其中的那种欧美文明大潮流。后者表现

---

1. L. Wittgenstein, *Philosophical Remarks*, Oxford: Blackwell, 1975. 如无特别说明,本书所引外文的中译文均出自笔者。
2. W. Child, *Wittgenstein*, London and New York: Routledge, 2011, p.149.
3. 《哲学评论》公开出版是在维特根斯坦去世以后(德文原文出版于1989年),而"前言"这段话出自维特根斯坦1930年11月6日至7日的一篇草稿,并且明确标注了"Zu einem Vorwort"字样(Ms-109:204-205)。里斯(R.Rhees)在编订PR原稿时重新调整了该文段,并将其前置作为PR的"前言"。但对此仍存有一些争论,比如希尔米(S.Hilmy)认为出现于手写稿Ms-109中的"前言"草稿并不是为出版PR所作的准备,而是为第213号打字稿(Ts-213,即所谓的"大打字稿"[Big Typescripts])撰写的"序言"(参见 S. Hilmy, *The Later Wittgenstein*, Oxford: Basil Blackwell, 1987, p.301)。另外,本书所引维氏手写稿均来自卑尔根大学维特根斯坦档案馆(WAB)电子复刻版,引用体例如下:手写稿为"Ms-编号:页码",打字稿为"Ts-编号:页码"。

在一种进步之中,表现在越来越庞大、越来越复杂的结构的建造之中,前者则表现在对那些结构的明了和洞察的孜孜不倦的追求之中。后者从世界的外围(periphery)——从其多样性中——来把握世界,前者则从世界的中心——从其本质中——来把握世界。因此,后者是将一个构造(construction)加于另一个构造,层层推进,不断上升,就像拾级而上,前者则驻留原地,并力图把握那总是同一的东西。(PR: "Forward")

显然,这段旨在概括过渡时期基本哲学态度的陈述,一方面说明维特根斯坦自觉地就基本哲学本性和哲学方法论作出了一些颇为显著的调整,另一方面也显示出蕴含在维氏中后期思想中的某种逐渐得到强化的强烈的现实感,后者进一步涉及围绕哲学与行动这一整体框架下的持续运思为这些思想变革和策略的转化赋予了某种隐性的伦理品质。我们将着重阐明一点。

在关于早期著作《逻辑哲学论》(TLP)[1]之基本特性的自我剖白中,维特根斯坦强调哲学问题是由于误解我们语言的逻辑而产生的。在逻辑建构的构造性视角下,"世界拥有一个固定的结构"[2],并且维特根斯坦将语言和这一世界结构共置于"机体"这一

---

1. L. Wittgenstein, *Tractatus Logico-Pilosophicus*, London and New York: Routledge, 2001. 本书所引中译文参考了[奥]维特根斯坦:《逻辑哲学论》,贺绍甲译,商务印书馆 2010 年版。
2. L. Wittgenstein, *Notebooks 1914—1916* (NB), Oxford: Blackwell, 1979, p.62.

统一的情境隐喻下，借此显明语言与言语主体之间所共享的某种天然的联结："语言是我们机体的一部分，并且其复杂性一如我们的机体"（NB:48）。关键在于，从逻辑构造可推衍出一个关于"复杂性"论题的特定承诺，即世界的复杂性源于对象本身构造的复杂性，并且从根本上表现为显示世界构造的命题图式的逻辑复杂性："空间对象的复杂性源于逻辑的复杂性"（NB:62）。在构想世界之逻辑秩序的过程中，"图像"及其图式功能在《逻辑哲学论》中得到了系统的定位。命题图式显示出世界之为世界的逻辑特性，因此，对于诸表达式之逻辑结构的详细（完备）分析为我们思考并理解"TLP 世界"提供了一个重要的方法论视角。维特根斯坦借此强化了一个蕴含在构造性视角下的重要思路：逻辑构造是一种拥有先验品质的运作，因此"逻辑必定照料自身"（NB:2; TLP:5.473）。哲学困惑正是源于对命题逻辑结构的误解，因此区分"言说"与"沉默"就构成了 TLP 的全部要旨，而为言说或思维的表达式划界则无疑是达到这一旨义的核心环节。就此而言，划界构成 TLP 的整体战略。

在《逻辑哲学论》以及更早的时期，维特根斯坦尝试将逻辑形式的先验性规定为如下两个基本构架。一方面，诚如前述，逻辑能够且必定"照料自身"表明了逻辑包含某种系统的、内在的自洽性；世界借以显示自身的诸命题表达式因其逻辑形式的自洽而保持着结构上的稳定和平衡，由此，世界、语言以及思想的逻辑共性保证了一个实质的秩序，其复杂性并非源于经验主体的实际参与（它们本身受制于逻辑形式），而是取决于先验逻辑形式的显示物或"材料"本身的逻辑构造("事实""命题""对象")。另一方面,这种逻辑的自洽性又反向推定出某种关于主体性的先验视角,维特根斯坦强调后者无法付诸任何表象和思维,即主体并非通常意义上的感知性的经验主体或心理学的体验主体,而是一个通过自身的语言表达形式为世界划界的、作为逻辑主体的"我",因此,"世界是我的世界"或者"我是我的世界"(TLP:5.63)。与此同时,作为逻辑材料的(简单)命题及其结构形式已然包含了"我"对(我的)世界的全部理解。逻辑主体给定了一个可能性空间,这点对于 TLP 来说至关重要:所谓逻辑结构即显示出的"逻辑形式",逻辑形式则容纳了一切关乎简单对象之配置形式以及事态之存在与否的可能性。作为逻辑材料复杂配置的最终产物(对象-事态-事实-世界),"世界"居于其中的事物(things)以及我们有关这些事物的经验均受制于逻辑形式,在这个意义上,它们中间并不存在任何先天的秩序。

然而,TLP 的上述整体构想明显有悖于如下这些我们有关世界自身以及在世经验的基本直觉:首先,仅仅只是经验世界的日常运行,较之逻辑材料的简单配置就已经显得更为复杂和多样;其次,诚如业已形成基本共识的一点在于,世界向来是(经验)主体参与着的,同时主体的存在结构自身亦不断被世界加以塑造和更新;再次,那些被 TLP 划归为不可说之物并非满足于简单的"显示",而是始终吁求更加有效、更加优越的表达和理解;最后,作为心理主体或经验主体,我们似乎只能"在世界之中"理解世界,因而并不存在 TLP 所设定的那种逻辑主体的先验视角。这些日常直觉在某种程度上已对TLP的整体战略构成了挑战。不过对于早期的维特根斯坦而言,这些直觉仅仅只能作为践行运思转换的某种提示,而更重要的是,TLP对世界秩序的相关设想在更深层面上施加着某种实质的伦理压迫。实际上,从维特根斯坦自战后获释至返回剑桥的十年间(1919年8月至1929年1月)的精神状况来看,TLP所蕴含的伦理沉坠感对他来说几乎是致命的。这点在恰尔德(William Child)对维氏早期私人笔记的如下引述中显露无遗:

> (战时笔记)对逻辑和语言问题的评论逐渐地与他对诸如善恶、生死、生命的意义、神秘事物这些问题的思考串联起来。维特根斯坦在这些年的笔记里最为持续关注的评论是伦理问题和自杀问题:"如果自杀是允许的,那么就没什么不被允许了,或者,甚至自杀本身就既不是善的也不是恶的?"(NB:91)1920年,他给一位朋友写信,"我持续不断地盘算着结束自己的生命,很难摆脱这种念头"。[1]

从维特根斯坦的个人记述中可以体会到,尽管维氏有意管控这种来自意志深处的思想上的紧张性,但他在个体行动层面上的具体应对策略并不是剖析和修正TLP本身所包含的哲学策略上的偏颇,而是在很大程度上响应现实行动的召唤。诸如在整个20世

---

[1] W Child, *Wittgenstein*, London and New York: Routledge, 2011, p.6.

纪20年代，他致力于参战、园艺、教学、建筑等实践操练。也正是在这些年月的操练和自处的失效，使得维氏逐渐意识到那种无法规避的智性错位：一方面，TLP业已为世界、语言和思想划定了界限，划界也昭示着某种能够"提及"那些不可说、因而不可思之物的可能性；另一方面，维氏就哲学的现实感及其行动品格业已意识到一个至关重要的方面，即人们总是身处某种"精神"之中，逻辑无法摆脱语言而独立构造秩序。因此，言语主体的"精神地缘性"（或心理特性）和逻辑的语言归属性从双重层面将早期哲学的"划界"稀释为一种纯粹虚拟的操作。这种错位最终促使维特根斯坦直面TLP的构造性方案所存在的根本问题。

诚如前述自白中所显明的，"精神"问题在哲学中的回归促使维特根斯坦意识到如下一点：必须立足于所处"精神"来思考秩序，即使是意图分析甚至重塑"精神"本身。不过在此需强调一点，对于"精神"的重申并不意味着维特根斯坦在此之前从未言及"精神"。事实上，在其早期的哲学笔记中就已在截然不同的意义上详细讨论过精神问题。众所周知，早期维特根斯坦深受魏宁格和叔本华的影响，主张自我、世界与意志之间的三元统一性："我的意志就是世界的意志"。维氏同样借此试图在所谓"平行论"视角下回应传统认识论的身心问题和唯我论困境，其论证思路如下："我"的精神与世界之间存在某种"平行关系"；在此所谓"我的精神"即只有通过"我"所观照到的"一种为世界所共有的精神"；当我的精神被理解为叔本华意义上的"意志"时，也就意味着同样存在"一个为整个世界所共有的意志",后者"在一种较高的意义上就是我的意志"(NB:84—85)。

显然,早期维特根斯坦论及精神的真实意图在于,他试图借助一种"普遍精神(意志)"的观念来显明世界之逻辑构造的形式特性。在这一关乎精神的本体论承诺下,主体或自我吁求某种身份的转换,即从一种经验性、心理学的个体跃迁至一种先验性的、形而上的自我。鉴于此,较之过渡时期,维特根斯坦恰恰是以一种截然相反的意义使用"精神"这一概念。在逻辑构造的思路中,"精神"显示为一种先验整体的形式规约,而非一种源于实际生活经验之境遇性的实质规范。

不过,抛开显见的差异,我们不难发现早期维特根斯坦业已触及"精神"与"意志"的内在的语法关联。这一哲学调整的迹象最早见于20世纪20年代中后期维氏与维也纳学派核心成员的互动中,而以文字形式得到记录可追溯至维氏与石里克讨论数学哲学问题的相关笔记。彼时,维特根斯坦并没有明确使用"精神""背景",抑或"环境"等词项来强调哲学的地缘性。在数学基础问题的视域里,他更多地借"系统"表露出了这种转变,尽管可能并非出自有意识的引导。在1929年12月18日与石里克的谈话记录中,维特根斯坦这样说道:

人们不能去寻找第六感官。人们的探索不能漫无目标。我只能在空间里,比如在房间里寻找(探索)一对象……数学系统完全是自我封闭的系统。我只能在系统中进行探索

（寻找），而不是探索系统。[1]

我们从这段话中可以获得一个至关重要的线索，即维特根斯坦将这一时期关于感知问题的思考与早期逻辑哲学的先验性主题结合了起来。所谓"第六感官"的提法，无疑暗示着TLP对于逻辑主体之先验性的承诺所引发的解释困境。而事实上，对于世界本性的探索、表达以及理解等活动总是依赖一定的系统、情境和经验。由此，维特根斯坦明确指出，用基于简单性原则的实指形式去确定事物的可能性已经以很复杂的经验为前提，更重要的是，他意识到TLP在更深层面上始终悬于某种"未完成"状态。众所周知，维特根斯坦在前言里曾做出过这样的判词："在所有本质方面，问题已经得以最终的解决"（TLP:4），而在给罗素和凯恩斯的信中，他同样对TLP的终结性持有相当肯定的信念，甚至断言"思维之泉已经干涸"[2]。形成这种智性幻觉的一个核心原因在于他将世界的复杂性进而将关于世界之哲学理解的复杂性归于逻辑材料的自身配置，因此，一旦廓清逻辑形式的运行特征，并且为思想和语言划定界限，那么围绕世界的哲学迷雾必定会随之消散；更进一步，这一思路有赖于对逻辑"简单性"的承诺，"逻辑问题的解决一定是简单的，因为简单性是它们树立的标准"（TLP:5.4541），复杂性如果归根到底产生于误解，那么破解复杂

---

1. F. Waismann, B. McGuinness, eds., *Ludwig Wittgenstein and the Vienna Circle*, trans.J. Schulte and B. McGuinness, Oxford: Blackwell, 1979, p.34.
2. B. McGuinness ed., *Wittgenstein in Cambridge: Letters and Documents 1911—1951*, Oxford: Blackwell, 2008, p.89.

的密钥必定要诉诸"晶体般"透明的逻辑简单性,因为"简单性是真理的标准"(simplex sigillum veri; TLP:5.4541)[1]。

然而,随着思考策略的转化,维特根斯坦认识到有关哲学复杂性的认知必将溢出基于逻辑构造之简单性原则的形式化图景。根本而言,哲学的复杂性"并不在于它的材料的复杂性,而在于我们疑窦丛生的理解的复杂性"(PR:52)。所谓的"未完成"状态,并非单纯响应逻辑划界最终所招致的沉默宿命,而是思想指向结论的方式本身归于误途,诚如维氏强调的,"虽然哲学的结论是简单的,但是达到结论的方法却并不简单"(PR:52)。哲学困惑源于对语言表达形式的误解,但并非因为对语词逻辑配置形式的误解,而是基于特定精神的误导所导致的智性失序,后者在逻辑构造和简单性的本体论承诺下呈现为一种终至"完备分析"之必然性的幻象。维特根斯坦对于这种失序和错位给予了如下明确的诊断:

> 事实上,我并不同情欧美文明的主流,不理解它的目标,如果它有目标的话…… 那种典型的西方科学家能否理解并赏识我的著作对我而言无关紧要,因为他们根本无法理解我据以写作的那种精神。我们的文明以"进步"为特征。与其说取得进步是文明的特征之一,不如说进步是文明的形态。文

---

[1]. 基于对象的"简单性"原则,TLP 暗含一种特定的"意义实在论",即命题的意义植根于简单对象及其之间的相互配置,后者揭示出该命题"为真时所处的实际情况"(TLP:4.024)。相关的讨论可参见 G.E.M. Anscombe (1959), M. Black (1964), A. Kenny (1973), P.M. Hacker (1986/1996a), N. Malcolm (1986), 以及 D.F. Pears (1987)。

明的特征是构造，它的活动旨在构造一个越来越复杂的结构，甚至明晰性也只是达到这个目的的手段，而不是目的本身。相反，对我而言，明晰性、清晰性本身就是目的。[1]

维特根斯坦不仅意识到特定思想所必然包含的精神地缘性，同时他将自己的哲学活动与以"进步"为形态的科学构造明确地区分开来。就此而言，前述过渡时期的运思转变更多地属于一种意志品格上的重塑，而非某种理智层面上的简单修正。关键问题并不在于对深藏材料内部的逻辑特性的揭示，而在于明了和洞察呈现在眼前的事物，其困难之处正在于我们总是不自觉地坠入种种思维模式或"神话"，而这些模式很大程度上源自我们对所处精神状况的理解错位："在哲学中，人们总是陷入制造心理学神话的危险，而不是简单地说出每个人都知道，并不得不承认的东西"（PR:65）。

这里所谓的"心理学神话"，一方面意指将某种虚构的思维模式视作意义分析的基石，也为恰切地理解维特根斯坦的哲学转折提供了一个关键视角，即哲学研究的本性与内在精神的本性密切相关。简言之，个体自身的感知心理活动以及由此确立的秩序结构与我们对世界的理解和表达之间存在某些实质的、深层的，甚而是决定性的关联。哲学的困难源于特定的思考方式得以成型的精神秩序，后者在某种意义上决定了我们"疑窦丛生的"理解方

---

1. L. Wittgenstein, *Culture and Value*, trans.A. Pichlered, p.Winch, Oxford: Blackwell, 1998, pp.21-22.

式。就此而言，这是维特根斯坦哲学转折时期论及"精神"问题的重要缘由，尽管诚如豪克（Michel. T. Hark）等人同样警示我们注意，转折时期的维特根斯坦思考的主题事实上是多重的、复杂的，因而不能简单地将这一心理哲学视域下的转换视作他开启后期思考的唯一始点。[1]

对于所谓"转折"的强调并不意味着一种绝对的哲学思路的断裂。实际上，早在写作《逻辑哲学论》时期，维特根斯坦就已通过如下一种截然不同的思路深入思考了心理秩序与哲学本性之间的关联：[2] 通过澄清哲学与心理学之间的界限，从而积极接续弗雷格的逻辑主义与反心理主义方案。这一思路的核心内容是弗雷格所谓的"纯粹原则"："始终要严格地区分心理学与逻辑学、主观与客观。"[3] 对于这一源自弗雷格的影响，哈克（P. Hacker）做出了如下解读：

> 毫无疑问，这一纯粹逻辑理论的方案在相当实质的层面上影响了维特根斯坦。在TLP（4.1121）中，他指出过往的哲学家们总是认为有关思想过程的研究对于逻辑哲学而言是至

---

1. Michel. T. Hark, *Beyond the Inner and the Outer: Wittgenstein's Philosophy of Psychology*, Dordrecht/Boston/London: Kluwer Academic Publishers, 1990, p.25.
2. TLP中有关心理学与逻辑哲学的比对占据相当大的篇幅，仅"心理学"（psychology）一词就出现了七次。
3. P. Hacker, *Insight and Illusion: Wittgenstein on Philosophy and the Metaphysics of Experience*, Oxford: Clarendon Press, 1972, p.36. 哈克后来就弗雷格对维特根斯坦前后期的不同影响作了更详细的讨论，参见 P. Hacker, *Wittgenstein: Connections and Controversies*, Oxford: Clarendon Press, 2001, pp.191–219。

关重要的。但是，在绝大多数情形中，他们均纠缠于无关紧要的心理学研究。在他看来，较之其他科学，没有什么比心理学更贴近哲学。知识论（epistemology）作为哲学中一个相对并不重要的部分，总是委身于心理哲学的层面。[1]

显然，哈克同样赞成关于TLP如何定位心理学的一个较为通行的观点：将心理学视作哲学研究的一种知识补充或解释脚注。对此，一个具有说服力的理由恰恰源于TLP自身的证词（TLP:4.1121）。对维特根斯坦而言，一方面，哲学并不提供命题，因而也不提供知识，哲学作为一种"澄清命题的活动"（TLP:4.112），并不处于与诸自然科学平行的探究层面上；另一方面，命题作为得到表达的（有意义的）思想，已预先设定思想中存在某些与命题自身的构造要素（"名称"或"简单记号"）相对应的"简单的精神性要素"[2]。诚如语句由与"简单对象"相关联的名称构成，这些精神性要素也与这些简单对象保持着相似的关联，这点构成了语言图示思想的根基。因此，关键问题就在于如何规定这种精神要素。对此，维特根斯坦显现出某种审慎的犹豫，他在给罗素的一封信中这样说道：

---

1. P. Hacker, *Insight and Illusion: Wittgenstein on Philosophy and the Metaphysics of Experience*, Oxford: Clarendon Press, 1972, p.36.
2. W. Child, *Wittgenstein*, London and New York: Routledge, 2011, p.34; P. Hacker, *Insight and Illusion: Wittgenstein on Philosophy and the Metaphysics of Experience*, Oxford: Clarendon Press,1972, p.48.

> "但是一个思想（Gedanke）就是一个事实（Tatsache）：其要素和成分究竟是什么？它们与那些得到图示的事实又是什么关联？"我并不清楚一个思想的构成要素是什么，但是我知道必定存在这些与语词相对应的要素。那些构成思想与事实的要素之间的关联在此并不重要，它们属于心理学的工作。（NB:129）

维特根斯坦的犹疑和困惑同样催生出关于维氏本人的困惑，即关于所谓"精神要素"的认知困境对于过渡时期的维特根斯坦而言究竟意味着什么？在哈克看来，关于简单对象的认知困境恰恰反向敦促我们看到，哲学与知识论的关系并非如维特根斯坦所划定的那般笃定，实际上两者之间的关系要复杂得多。他指出：

> 维特根斯坦显然以一种奇怪的方式来划界。诚如我们所见，知识论的主题关乎对认知陈述给予合法辩护，较之心理学哲学，它既有广泛的一面，又有狭义的一面……一方面，心理学哲学并不限于人的认知能力，也触及人的行动能力，因而知识论的范围要更狭窄；另一方面，知识论的核心关涉是证明的诸原则，后者为合理信念、知识，以及一切可能知识的确定性提供辩护，而这很显然溢出了心理学哲学的范围，因而知识论的范围要更加广泛。[1]

---

1. P. Hacker, *Insight and Illusion: Wittgenstein on Philosophy and the Metaphysics of Experience*, Oxford: Clarendon Press, 1972, pp.36-37.

显然，这里哈克意在强调，知识论与心理学哲学之间的复杂联系表明逻辑哲学在一定程度上依赖于经验认知性层面的探究。因此，前述有关过渡时期的策略调整就在知识论框架下获得了一种转译：哲学探究总是以某种特定的精神为根基，与之对应，意义分析无法脱离特定的知识语汇而独立运作。哈克由此注意到，知识论主题在维特根斯坦1929年以后的著作中占有很大比重。在哈克看来，这并非出于兴趣的突然转向，也不是因为维氏意识到哲学语义学能顺带对知识论有所助益，而是由于"意义分析无法全然与有关证据的知识论语汇和关于辩护的诸认知陈述相分离"[1]。

显然，哈克为理解上述困境提供了一个重要的思路，但同时他也错失了一些更重要的方面。在他看来，对于过渡时期的维特根斯坦而言，哲学就其积极的方面而言旨在"对那些我们用以言说世界的诸观念赋予秩序，为我们有关言语实践的知识确立某种特殊的（而非普遍的）秩序"[2]。这里，哈克实际上承诺或者至少潜在地假定，关于哲学在智性层面上那种难以形塑的理解可通过察识潜藏在哲学表述中的某种实质蕴涵从而在认知层面上获得一定程度的捕捉。[3] 但在维特根斯坦那里，这近乎构成当代文明的某种

---

1. P. Hacker, *Insight and Illusion: Wittgenstein on Philosophy and the Metaphysics of Experience*, Oxford: Clarendon Press, 1972, p.34.
2. Ibid., p.113.
3. 众所周知，哈克是有关 TLP "实质式解读"（substantial reading）路径的重要代表，其核心主张在于，"维特根斯坦所写的这部有关'无意义'的书，旨在向读者传达一系列关于逻辑、形而上学，以及伦理学的不可明述的真理"。参见 Kevin. Cahill, *The Fate of Wonder: Wittgenstein's Critique of Metaphysics and Modernity*, New York: Columbia University Press, 2011, p.43。

深度幻象，而他本人借以"精神"终其一生都在强调内在于自身智性的某种不可理解和难以测度的非认知品质（TLP:3; PI:§4）。[1] 事实上，将"精神要素"的认识问题划归为对哲学与知识论之间关系的微调，在本质层面上，即在维特根斯坦所强调的那种自身的特殊精神与那种以"构造"为特征、以"进步"为形态的科学精神之间寻求可能的通约，这点多少已经背离了维特根斯坦的智性吁求和哲学品格。实际上，前述认知困境的一个更重要的方面在于，维特根斯坦对于"精神要素"的确定性信念植根于 TLP 对解决哲学问题的相关设想，这在更深层面上牵涉 TLP 安置实在的哲学策略。更进一步，这里需聚焦的一个核心问题是：借以所谓"感觉予料"（sense-data，即感官意识的当下对象）来理解实在问题对维特根斯坦而言究竟意味着什么？

2. "感觉予料"与完备分析

维特根斯坦论及"感觉予料"的一个重要背景源于罗素和摩尔对他早年的影响。罗素在《逻辑哲学论》之前就已经比较系统地处理过感觉予料的问题[2]，摩尔则在思考感知活动的可变性和间

---

1. L. Wittgenstein, *Philosophical Investigations*, trans. G. Anscombe, p.Hacker and J. Schulte, Oxford: Blackwell Publishing Ltd, 2009；在引用"第二部分"内容时参考了安斯康姆（G Anscombe）的旧英译本；L. Wittgenstein, *Philosophical Investigations*, trans.G. E. M. Anscombe, Oxford: Brsil Blackwell, 1958。引用体例如下：引用"第一部分"为 PI:§ 节数（如"第一部分第一节"：PI:§1），引用"第二部分"为 PI:ii- 章数，§ 节数（如引用"第二部分第 1 章第 3 节"为：PI:ii-1, §3）；本文所引中译文参考了 [奥] 维特根斯坦：《哲学研究》，韩林合译，商务印书馆 2015 年版。
2. B. Russell, "The Relations of Sense-Data to Physics", in *Mysticism and Logic*, London: Routledge, 1989.

接性时促使他区分了日常感觉与感觉予料，并将后者置于更加基础性的位阶。[1] 在早年给罗素的信中，维特根斯坦就表示过对"感觉予料"问题抱有极大的兴趣，尽管此时他尚不清楚罗素处理这一问题的具体思路（WIC:38）；同样在给氏的回信里，罗素曾附上过一份详细讨论感觉予料理论的材料（WIC:77）。因此，对于维特根斯坦而言，感觉予料并不是一个迟滞的观念，而是从其开启哲学生涯伊始就已经贯穿在他的思考当中了。

如前所述，维特根斯坦针对简单对象的犹疑和摇摆很大程度上缘于两个不同的观念系统对其哲学直觉的影响。"对象"如能承担起逻辑意义上的基始功能，就必定要求同时兼顾"简单性"（或"独立性"）和"直接性"两个方面。在TLP中，维特根斯坦一方面似乎承认逻辑分析以及逻辑形式的运行特性可在牛顿力学系统中得到观照，相应地，"简单对象"可在机械力学对于"力"以及"质点"的刻画中得到观照；另一方面，就对象的基始特征及其在"思想"领域里的表征而言，维特根斯坦似乎亦认可罗素所谓作为感官意识当下对象的"感觉予料"具备与"质点"同样的实在性。在比TLP更早的笔记中，可明显辨识出这两种观点表面上并存的痕迹。他一方面考虑到感觉予料即简单对象这一建议，"那些拼接成我们视域的东西便是简单对象"（NB:64）；另一方面，他也提及，"正如我们在物理学中所作的那样，把身体区分为种种质点，只不过是将它们分析为了简单成分"（NB:67），而在TLP中他同

---

[1]. 对此，一份详细的讨论参见 J. Schulte, *Experience and Expression: Wittgenstein's Philosophy of Psychology*, Oxford: Clarendon Press, 1995, pp.85–94。

样捏到"质点""物理粒子"（TLP:6.3432, 6.3751）等说法。但是，这里并不涉及维特根斯坦如何在这两种不同立场之间进行择取的问题，诚如恰尔德指出的，这点关乎维特根斯坦关于实在之本性的整体意图：

> 维特根斯坦在TLP中最根本的关注点是逻辑和表征。他关于语言机能的理论引导他形成了关于实在一般形式的观点：如果语言是可能的，那么必定存在与事态相连的简单对象。但是，语言理论所需要的所有东西，就是实在具有那种一般的原子形式；它并不需要某种特定的原子主义版本比另一种更真实。因此，他并未聚焦于关于简单对象的特定观点的优劣问题，就其意图而言，这点无关紧要。[1]

事实上，就有关实在之一般形式的深层意蕴而言，早期维特根斯坦甚至欲将这一在特定的不同版本中择取实在规定性的无意义性推至一个更极端的位置。在他看来，无论是将"简单对象"看作是物理意义上"质点"（"力"），抑或是感知-心理意义上的"感觉予料"，它们均在更深层面上背离了维特根斯坦试图通过"简单对象"这一概念所描画的那种逻辑意义上的形式性。

因此，细读TLP就会发现，关于"感觉予料"的规定性考量总是包含如下明显的错位。一方面，感觉予料作为逻辑对象的备

---

1. W. Child, *Wittgenstein*, London and New York: Routledge, 2011, p.51.

选之一似乎在直觉上存续了维氏赋予简单对象的那种直接性，而罗素也在此意义上将感觉予料刻画为一种"亲知"，即诸如"视野中的一个红点"这样的感知陈述旨在表达一种未经任何中间事项过滤的直接体察；因此，在维氏看来，"出现于视野中的斑点完全可能是简单对象，因为我们并不孤立地感知斑点的任何一个单独的点"（NB:63）。另一方面，按照 TLP 中关于逻辑一般形式的规定，如果一种语言或命题是可能的，那么就必定存在某种关于逻辑原子的一般形式。这种一般形式，在实在的向度中显现为与事态相连的"简单对象"及其之间的配置形式，而在表达的向度中显示为与命题相连的"简单命题"或"简单记号"及其之间的函项形式，而 TLP 对于"简单命题"之特性的一个基本规定即其"独立性"。

因此，如果在某个特定时空"直接"呈现在我视野中的一个红点是一种特定的原子形式，那么其表达形式就应当显示为一个简单命题。可是这点恰恰由于所谓"颜色不相容"（color-exclusion）（"a 在 t 时刻是一个红色的斑点"与"a 在 t 时刻是一个蓝色的斑点"相矛盾）而明显与简单命题的独立性相悖（TLP:6.3751），因为诚如维氏强调的，一个简单命题的标志恰恰在于它不可能有其他基本命题与之相矛盾。正是这种解释困境促使维特根斯坦在如何刻画感觉予料的问题上表现出了前述那种犹疑和摇摆，这点在更深层面上牵扯到 TLP 有关语言之一般本性的基本规定及其包含的深层误解。

众所周知，早期维特根斯坦试图借助一种类似"穿衣"的思想模型来规定语言和思想的关系:"(日常)语言掩盖了思想,以至于从衣服的外形不可能推断出在它下面的思想,因为衣服的外表形式并不是为了揭示身体样式而设计的"(TLP:4.002)。维特根斯坦借此模型意在指出,所谓日常语言的粗糙性掩盖了思想,也意味着我们的日常语言"既无法反映,也无法描述世界的一般形式结构"[1],只有借助一种更加纯粹的、理想的形式表达系统才能确切地图示实在的内在结构。

于是,哲学的要务旨在提供一种完备的逻辑分析,它要求"对命题的分析必须达到由名称的直接结合而构成的基本命题"(TLP:4.221)。经由这种完备的逻辑分析,一个浅层的日常表达式最终将获得一个深层的结构形式,其中,名称(记号)与对象严格匹配,并且为该日常表达提供一个明晰的意义归因。就此而言,"视野中的一个红点"这类日常表达实际上是混淆了视觉表达与物理语汇的一般形式,它误导我们产生了如下这类信念:将某种颜色"指派"到视野中的一个点上。但是,"一个将颜色指派到一点上的命题在逻辑上与任何指派不同的颜色到同一点上的命题不相兼容"[2],因此它并非满足简单命题的条件,有关颜色的指派还需进一步分析为逻辑上相互独立的、更为基本的命题的真值条件。

由此可见,完备的逻辑分析的观念背后假定存在一种纯粹的、理想的形式符号系统,维特根斯坦有时候称之为"第一语言"

---

1. Avrum Stroll, "Wittgenstein's Foundational Metaphors", in D.Moyal-Sharrock, eds., *The Third Wittgenstein: The Post-Investigations Works*, UK: Ashgate, 2004, p.20.
2. W. Child, *Wittgenstein*, London and New York: Routledge, 2011, p.94.

(WVC:45)。实际上，在迟至1929年初返回剑桥时，他在某种程度上仍然保留着这一信念，在是年发表的短文《略论逻辑形式》(RLF)[1]中，他明确主张：

> 如果我们把分析进行得足够充分，就必定会达到这样的命题形式，即它本身并不再由更简单的命题形式所构成。最后必会达到诸词项的终极联系，它们无懈可击，除非破坏命题形式本身。按照罗素的说法，我将这种显示词项终极联系的命题称为原子命题。因此，它们是一切命题的核心；它们包含基质，而其余一切都只是在衍展这种基质。我们必须从原子命题寻找命题的内容。认识论的任务就是去发现原子命题，并且在语词或符号之外了解它们的构造。(RLF:29)

诚如前述，"颜色不相容"问题对于简单命题之独立性原则的深层挑战促使维特根斯坦重新调整其哲学策略，而关键问题即在于如何重新审视简单命题的本性。这也正是维氏在20世纪20年代与拉姆塞（F. Ramsay）等维也纳学派其他成员的交流中所遭受的主要批评。拉姆塞指出，"如果逻辑分析必定达致简单命题，那么它必定要显明是如何达到的"[2]，他由此要求维特根斯坦必须给出

---

1. Ludwig Wittgenstein, "Some Remarks on Logic Frorm", in J.C. Klagge and A. Nordmann, eds., *Philosophical Occasions: 1889—1951*, US: Hackett Publishing Company, 1993, pp.28-35.
2. F.P. Ramsay, "Critical Notice of Wittgenstein's Tractatus Logico-Philosophicus", *Mind*, Vol.32, No.128, 1923, p.473. 诚如维特根斯坦本人在《哲学研究》"前言"（转下页）

一种判定简单命题的具体方式。为了回应这种批评,维特根斯坦首先考虑了一种"内在性"策略,即试图通过阐明感知论域(以视觉领域为范型)的内在特性来阐明简单性原则。

在《略论逻辑形式》一文中,维特根斯坦重新考察了简单命题之独立性原则的基础,他指出独立性并非源于一种纯粹的形式规定。对于我们日常的感知语汇而言(诸如"颜色""疼痛"等),存在某种"程度差异"构成这些感知表达式的内在的固有属性,因为"颜色和视觉空间是相互渗透的"(Ms-105:41)。因此,一个具有某种性质(比如"红色")的事物就必定已经包含着某种给定的程度(比如"亮度"),这点"在逻辑上就排除了它具有任何同类性质的其他程度"[1]。基于这一思路,维特根斯坦对于实在形式的考察在策略上做了如下重新定位:

> 现在我们只有通过审视所要描述的现象从而力图了解其逻辑的复多性,这样才能用一个明确的符号系统替换不精确

(接上页)部分提及的,促使他重新思考简单命题的一个直接缘由来自拉姆塞对TLP的批评,对此的一份新近的详解来自恩格尔曼(M.L.Engelmann),参见 M.L. Engelmann, *Wittgenstein's Philosophical Development: Phenomenology, Grammar, Method, and the Anthropological View*, UK: Palgrave Macmillan, 2013, pp.6-13. 此外,该时期激发维特根斯坦重塑哲学策略的另一个重要因素来自布劳威尔(L.E.J. Brouwer)的直觉主义数学理论。关于布劳威尔对"过渡时期"维特根斯坦的影响,哈克提供了一份介绍,参见 P. Hacker, *Insight and Illusion: Wittgenstein on Philosophy and the Metaphysics of Experience*, Oxford: Clarendon Press, 1972, pp.98-104;而格弗特(Christoffer Gefwert)则结合布劳威尔的直觉主义数学理论给出了一份系统的评述,参见 C. Gefwert, *Wittgenstein on Philosophy and Mathematics: An Essay in the History of Philosophy*, Finland: Abo Akademi University Press, 1994, pp.55-73。

1. W. Child, *Wittgenstein*, London and New York: Routledge, 2011, p.94.

的符号系统。也就是说，我们只有通过可称之为对现象本身的逻辑研究，即在某种意义上是后天的研究，而非根据对先天可能性的推测，才能达到正确的分析。（RLF:30）

重返"现象"本身，这是维特根斯坦在过渡时期做出的一个至关重要的调整。在一次与他的学生德鲁（M. Drury）的谈话中，维氏甚至明言，"可将我的哲学称作'现象学'"[1]。从这一时期的手稿笔记中可以发现，维氏更侧重于将诸如"颜色""疼痛"这样的感觉语汇以及围绕它们的日常表述（比如程度）规定为"现象"的基本内容，并且对于通过这种策略调整就此摆脱了那种《逻辑哲学论》以来有关原子形式和实在本性的确证困境，保持了某种审慎的乐观。他指出，我们根本无法预见那种原子形式，而只有通过对"现象"的全新审视才能就基本命题的逻辑结构获得一种有效的理解，而"如果实际的现象并未使我们对其结构知道更多的东西，那倒是令人奇怪的"（RLF:30）。

与此同时，维特根斯坦还接续了一个源自TLP的基本信念：日常语言是粗糙且充满迷误的，无法在现象的日常语言表达中发现其逻辑形式，因此仍需要用一个明确的符号系统替换不精确的符号系统。他由此提出了著名的"影射"模型：如同平面A上的椭圆或长方形在平面B上投射为圆或正方形，"实在的事实"如同平面A上的椭圆或长方形，而其投射在日常语言中的"主谓式和

---

1. M. Drury, "Conversations with Wittgenstein", in R. Rhees, ed., *Ludwig Wittgenstein: Personal Recollections*, Oxford: Basil Blackwell, 1981, pp.112-131.

关系式"就如同平面 B 上的圆或正方形。

这个隐喻包含了两个重要的意蕴：一方面，"主谓式和关系式"隶属特定的语言系统，是"我们的特定语言的规范，我们以如此繁多的方式将如此繁多的逻辑形式都投射到这些语言规范中"（RLF:30—31）；另一方面，如同我们无法通过平面 B 上的圆或正方形投影精确地还原平面 A 上的椭圆或长方形，我们也不可能从这些特定语言规范的"使用"中推论出所描述现象的真实的逻辑形式。

更进一步，诸如颜色、声音、视觉等感觉语汇的时空形式在日常表达中的难以捕捉表明了"一些逻辑形式与日常语言的规范极少有相似之处"（RLF:31），换言之，通过我们通常的表达手段无法进行"关于实际现象的逻辑分析"。因此，维特根斯坦强调，为了表达这些现象，诸如"数""程度"等这样的性质"必须进入原子命题本身的结构"：

> 我主张，表达一种性质的程度的陈述是不能作进一步的分析的，况且程度差异的关系是一种内在关系，因此是由关于不同程度的一些陈述间的内在关系表达的，即原子陈述必然与其表达的程度具有同样的复多性，由此可见，数必须接受原子命题的形式。（RLF:33）

不难发现，维特根斯坦在此为了规避"颜色不相容"在逻辑分析进程中所带来的挑战，试图推荐一种新的思考方案。如前所述，维氏早期将诸如"a是红的且a是蓝的"这类表达式归结为在逻辑上彼此矛盾因而是"无意义的"(senseless)[1]，但在RLF中，维特根斯坦意识到该方案的不足，并且试图指明如下观点中所包含的某种根深蒂固的迷误："认为可以通过真值函项分析来显明一种隐匿的矛盾，借此来解释命题'a是红的且a是蓝的'的不相容性"[2]。事实上，该观点背后包含如下基本预设：关于程度性质的陈述是可分析的，比如一个表达程度性质的陈述仍然可进一步分析为"各个量的逻辑积和一个使之达到完满的补充陈述"(RLF:33)。但是诚如维氏指出的，这个假定实际上并不成立：

> 如果用E(b)来表示E具有b亮度红色的陈述，那么标示E具有两种程度的亮度的命题E(2b)就可分析为E(b)和E(b)的逻辑积，但后者仍等于E(b)；反之，如果我们要将两个单位区分开来，从而写成E(2b)=E(b1)和E(b2)，那么我们就假定了两个不同的亮度单位；这样，如果一个存在物只有一个单位，就可能发生一个问题，即这个单位是两者中的哪一个？b1还是b2？显然，这是荒谬的。(RLF:33)

如果将"程度差别"规定为事物的一种基本属性，那么相关的诸如E(b)这样的"原子陈述"就包含同样的复多性，并隶属

---

1. P. Hacker, *Insight and Illusion: Wittgenstein on Philosophy and the Metaphysics of Experience*, Oxford: Clarendon Press, 1972, p.91.
2. José Medina, *The Unity of Wittgenstein's Philosophy: Necessity, Intelligibility and Normativity*, New York: State University of New York Press, 2002, p.45.

这些原子陈述的"内在结构"。这点导致如下结论："任何分析都不可能消除程度陈述"（RLF:31）。进一步，如果用 E(r)t 来表示"t 时刻 E 具有 r 色"，用 E(g)t 来表示"t 时刻 E 具有 g 色"，那么该如何解释 E(r×g)t 与我们日常直觉的明显背离？如果程度陈述是不可分析的，那么就无法将 E(r)t 和 E(g)t 视作两个互相矛盾的命题。因为如果它们是"矛盾的"，就意味着 E(r×g)t 是一个"在真值表中只包含了'假(F)'的逻辑积"[1]，但问题在于它根本就不是一种"逻辑积"：当 E(r)t 和 E(g)t 同时为"真"时 E(r×g)t 则为"假"，这点导致 E(r×g)t 的"逻辑复多性大于实际可能的逻辑复多性"，因而是"一个无意义的结构"。（RLF:35）

这里的关键之处在于，E(r)t 和 E(g)t 并非表达了两个"相互独立的、一经析取便彼此消解的可能性，而是它们各自表达了一种'完备的'的可能性，一种渗透在有关颜色指派的逻辑空间中的确定"[2]。维特根斯坦由此认为，E(r×g)t 并非一种"矛盾"（contradict），而是显明了一种"排斥"（exclusion），"简单命题虽然不可能互相矛盾，却可以互相排斥"，而 E(r)t 和 E(g)t 互相排斥是因为"它们在某种意义上都是完备的"（RLF:33）。程度性质是完备且不可分析的，事物不可能同时具有同一性质的两种不同程度。诚如恰尔德指出的："任何根据处于较低层次的命题通过分析命题'a 是红的且 a 是蓝的'，试图解释它们之间的不相兼容

---

1. J. Medina, *The Unity of Wittgenstein's Philosophy: Necessity, Intelligibility and Normativity*, New York: State University of New York Press, 2002, p.45.
2. Ibid., p.45.

性，将只不过是再生了在较低层次的同样的基本不兼容性；在分析中描绘出的较低层次的命题将不会在逻辑上彼此独立。任何指派某种性质的一个给定的价值的命题，都承认了程度差别，对诸如颜色、高度、亮度、温度等的指派本身就是简单命题。"[1]因此，尽管我们的符号系统允许我们构造出像"E(r×g)t"这样的逻辑指号，但"在这里它并没有提供实在的正确图像"（RLF:33），于是诸如"E(r×g)t"这类表达式就可归为"一种如同其他形而上学命题那样的荒谬（nonsense）从而将其消解，而并非一种无意义的逻辑真理"。[2]正是这一基于内在属性的认识促使维特根斯坦放弃了关于简单命题的独立性原则，他由此主张，决定简单命题结

---

1. W. Child, *Wittgenstein*, London and New York: Routledge, 2011, p.94.
2. P. Hacker, *Insight and Illusion: Wittgenstein on Philosophy and the Metaphysics of Experience*, Oxford: Clarendon Press,1972, p.91. 这里有关"senseless"与"nonsensical"的区分牵涉近年就如何理解TLP而产生的一个重要争论：以安斯康姆、哈克、贝克（G.Baker）、肯尼（A.Kenny）等人为代表的"正统派"所提倡的"实质式解读"（substantial reading）与以戴蒙德（Cora Diamond）、加内特（James Conant）为代表的"新维特根斯坦"提倡的"决然式解读"（resolute reading）。针对TLP6.54有关命题的"无意义"（nonsense）和"梯子"的隐喻，正统派认为维特根斯坦借以这些命题表达了某种深刻的无意义，它们"言说"不可说之物，并提供某些实质论证，从而传达着某种不可言说的真理，后者是我们理解世界的通道；"决然式解读"认为那些"无意义"的命题是一种纯粹的无意义，它们并未提供任何实质论证或深层理解，并未传达任何不可言说的真理，它们仅仅标示着哲学言说纯粹的无意义性，并敦促我们放弃任何不当的哲学冲动，走出哲学的幻象与迷误，从而实现哲学治疗的伦理意图。本书无意刻画这场冗长争论的详细过程，戴蒙德的学生卡西尔（K. Cahill）为此提供了较详细的绍述，参见Kevin.M. Cahill, *The Fate of Wonder: Wittgenstein's Critique of Metaphysics and Modernity*, New York: Columbia University Press, 2011, pp.30—41。值得一提的是，关于如何理解TLP中"言说"的部分，一个极具启发性的观点认为可将"言说"进一步划分为两个部分："可说"（TLP:1—5.62）与"拟说"（TLP:5.62—6.54），"在功能的意义上……拟说与可说共同构成了'梯子'"。（参见刘云卿：《维特根斯坦与杜尚：赋格的艺术》，三联书店2017年版，第20—21页。）

合成复杂命题的函项形式"并不仅仅局限于'与''非''或'和'若'这样的逻辑常量的规则,它们必须也可以说明一个简单命题自身的'内在结构',而这点正好杜绝了诸如 E(r×g)t 这样的结合方式"[1]。

诚如前述,有关性质程度的陈述包含了与所述事项同等的复多性,由此,"程度"就在更本质的层面上触及"数"的性质。维特根斯坦指出,对于色彩亮度、音调高低、气味浓淡、距离长短等表达程度性质的陈述而言,"数"不仅仅是特殊符号系统的一个特征,它还是这些"语言表达的一个本质的因而必不可少的性质"(RLF:32)。比如可在一个直角坐标象限内对视野中的一个红色斑块进行坐标分析,这样就能借助于数字指示来描述我们视野上每个颜色斑点的形状和位置,这些数字指示对于所选择的坐标系和单位具有意义,而坐标系"是表达式的一部分,是用以将实在投影于我们的符号系统的投影法的一部分"(RLF:32)。关键在于,至少就感觉现象之程度性质的描述而言,一方面,不可能将这些日常语言的命题分析至某种由理想的纯粹符号系统所表达的一些基本命题,从而显示其深层结构;另一方面,诸如"数"这样的性质本身构成我们日常表述的本质层面,而之所以会出现"E(r×g)t"这样的无意义结构,其实质是误解了日常语言的本质成分。更进一步,虽然在逻辑分析的意义上,E(r×g)t 是一种无意义的标记,但就对某种实际现象的描述而言(比如描述一种红蓝

---

1. W. Child, *Wittgenstein*, London and New York: Routledge, 2011, p.94.

混合色），它的确给出了一些重要的提示。混合色标示着颜色程度的"数"性，它们是一种"内在联系"："一种红蓝混合色，或者说二者的一种中间色，是通过红蓝结构的内在联系得到的，并且这种内在联系是原本的，即它并非在于'a 是红蓝色'这个句子是'a 是红色'和'a 是蓝色'的逻辑积。言及某种颜色处于某个位置，就意味着完全地描述了这个位置"（PR:80）。这些内在联系构成我们日常语言的本质部分，因此，我们"所能做的和必须做的，是把我们语言中本质的部分与非本质的部分区别开来"（PR:51）。

3. 试错："现象学语言"

在《略论逻辑形式》中，维特根斯坦强调现象本身的"完备性"及其表达形式的"内在结构"，试图在"对现象本身的逻辑研究"与日常语言的内在秩序之间建立某种关联，并借此平衡现象本身的多样性与逻辑分析的形式性之间的张力。诚如恩格尔曼（M. Engelmann）所指出的，过渡初期的维氏旨在两个层面上展开逻辑哲学的探究："其一关乎如何确立一种正确的真值函项系统，其二关乎如何刻画某种溢出该真值函项系统的必然联系，后者牵涉颜色以及时空的某种给定形式，或者说，某种'命题的内在结构'"[1]。不过正如前文强调的，此时的维特根斯坦仍然坚持日常语言因其含混不清从而无助于准确地描述现象本身，因此那些内在于现象自身的、无法借以真值函项予以明述的本质联系与深层秩

---

[1]. M. Engelmann, *Wittgenstein's Philosophical Development: Phenomenology, Grammar, Method, and the Anthropological View*, UK: Palgrave Macmillan, 2013, p.19.

序必定要求一种"更精确的"表达形式。恩格尔曼指出,这一关乎新的精确表达系统的追求构成1929年初维特根斯坦所面临的一项重要任务,"他所考虑的'终极分析'是一种现象学式的,分析的结果应当通过一种'现象学语言'表达出来"[1]。

何为一种"现象学语言"?它何以不同于我们的日常语言或物理语言?我们从这一时期的笔记文本中可以发现,维特根斯坦并未就一门"现象学语言"给出确切的规定或阐明,直至1932年,他才在手稿中将这种现象学语言称为一种"原初语言"[2],将其设想为是"一种对直接感官感知的未掺杂任何前设的描述"(Ms-113:123)。对此,他在中期的核心文本《大打字稿》(BT)[3]中给予了如下详细的刻画:

---

[1]. M. Engelmann, *Wittgenstein's Philosophical Development: Phenomenology, Grammar, Method, and the Anthropological View*, UK: Palgrave Macmillan, 2013, p.13.

[2]. 这里涉及一个至关重要的区分:即"原初语言"(primäre Sprache)与"原始语言"(primitiven Sprache)。前者旨在刻画一种不同于我们日常语言的更精确的表达形式,是对一种实质表达形式的吁求,比如TLP所构想的那种由真值函项组成的纯粹符号系统;后者则旨在标示日常语言的某种原始形式与用法,某种有关语言用法的较为显著的展示方式,它更多是在一种力法论的意义上来使用的。这里所谓的"现象学语言"的观念,在某种意义上显示出维特根斯坦在淡化一种实质诉求与规避日常语言的粗糙形式之间寻求平衡的意图,也是他在1934年以后彻底回归日常语言的重要背景。恩格尔曼多少忽视了这一点,在谈及TLP所构想的那种形式符号系统时,他使用了诸如"先天的原始给予"(a priori primitive given)这样的表述,而此语境下无疑用"primary"更恰当。

[3]. 参见 Ludwig Wittgenstein, *The Big Typescript: TS 213*, C.G. Luckhardt and A.E. Aue eds. and trans., Oxford: Blackwell Publishing, 2005。值得注意的是,维特根斯坦以"Phenomenology"命名了BT中的一章(BT:436-485),足见他对此问题的重视,由此也引发了关于"现象学时期"的一些讨论,关于此,一份新近的系统梳解参见 M. Engelmann(2013)。

现象学语言：一种对直接感官感知的未掺杂任何前设的描述。如果这是就任何事物而言的，那么当然，诸如一幅画中的肖像就必定是有关这种直接体验的描述。比如，当我们通过望远镜将观察到的星座画下来。甚至可以设想，我们通过发明一种描述模型来再现我们的感官感知，这个模型从一个特定的视点产生出这些感知；可以将这个模型设置成一种由曲柄控制的自动装置，通过转动曲柄，我们就可以读取某种描述（大约相当于电影中的重现）。（BT:491）

对于感觉语汇及其内在程度性质的分析表明，维特根斯坦之所以考虑一种"现象学语言"的方案，其核心意图在于为那些本质上已联结在感觉经验陈述中的必然联系寻求某种可能的呈现方式，借此来为《逻辑哲学论》中所设想的那种真值函项系统实现扩容。而直接诉诸我们的日常语言或其他平行类型的科学分析均无法胜任这一点。恩格尔曼表明了其中的缘由："在视觉领域（空间）中包含着一些尚待检视的最基本的形式（空间、颜色、时间）；更进一步，即使在日常语言或科学探究中，均无法彻底排除某种有关现象的直接理解（direct apprehension）。"[1] 这点同样呼应了维特根斯坦在论及识别同一种颜色问题时所作出的如下分析："当然也可以说，这是同一种颜色，因为相关的化学实验并未发现任何不同。因此，如果我觉得它不像是同一种颜色，那是我

---

1. M. Engelmann, *Wittgenstein's Philosophical Development: Phenomenology, Grammar, Method, and the Anthropological View*, UK: Palgrave Macmillan, 2013, p.23.

搞错了。不过，即使那样，我也必定直接地识别出了某种东西。"（Ms-107:236; PR:16）在维特根斯坦看来，无论我们使用何种标准来判定某种颜色，这种标准本身就已经有赖于我们的"识别"，因此对于感觉秩序进而关于感觉语汇的心理特性的考察就是"必须的"。[1]

不难察觉，这一内在于感知陈述的某种先在的语言秩序已暗示着对一切作为"第一语言"或"第一系统"的纯粹精确语言观的拒斥。实际上，自20世纪30年代起，维特根斯坦就已经开始有意淡化那种有关实质的精确表达形式的观念，而所谓现象学语言的计划也并未维持太久。他大约从1929年3月开始思考这一方案，并仅仅就此给出了一些含糊的"素描"，而六个月后他业已意识到该计划所面临的困难，但仍然抱有一定的含糊和犹疑，进而明确地提出了批评，并最终放弃了该计划。[2] 实际上，早在1929年底的一次谈话中，维特根斯坦就已经明确地主张放弃对日常语言之外的任何表达系统的建构：

> 我过去常常相信，我们通常说的日常语言和第一语言表达了我们真正知道的东西，也就是现象。我也说到过第一系统和第二系统。现在我愿解释为什么我不再坚持那种信念了。我认为本质上我们只拥有一门语言，那就是我们的日常语言。

---

[1]. M. Engelmann, *Wittgenstein's Philosophical Development: Phenomenology, Grammar, Method, and the Anthropological View*, UK: Palgrave Macmillan, 2013, p.24.

[2]. M. Hark, *Beyond the Inner and the Outer: Wittgenstein's Philosophy of Psychology*, Dordrecht/Boston/London: Kluwer Academic Publishers, 1990, p.83.

我们并不需要发明一门新的语言或者构筑一种新的符号系统，而是我们的日常语言已经就是那种语言，假如我们能够摆脱隐藏在其中的含混不清的话。（WVC:45）

一种"现象学语言"何以无效？简言之，其主要困境源于下述两个基本承诺：（1）现象学语言若作为真值函项系统的补充项，那么应当与日常语言/物理语言之间具有某种实质性的差异；（2）"两种语言"之间的差异根源在于对象/实在形式的不同区分，若以空间为例，即需区分出"物理空间"（可测的）与"现象学空间"（不可测的）（在维特根斯坦的相关讨论中，后者在"视觉"经验中被呈现为某种"视觉空间"）。然而，诚如维氏在《大打字稿》中所揭示的，对于现象学式原初"视觉空间"（PR:50）的探究最终导致了这样的后果：从物理世界区分出原初现象世界所依赖的那些内在的、本质的条件，在描述并规定现象学语言性质的过程中反向瓦解了这一区分自身。

以维特根斯坦关于视觉经验及其空间坐标系的讨论为例。按维特根斯坦原初设想，坐标系某种意义上可以用来例示"现象学语言"的基本架构，它作为逻辑真值系统的一种补充项，通过特定的刻度标记来完备地展现内在于视觉现象的普遍"数性"。比如红色斑块的各个部分在直角坐标系中与特定的刻度一一对应。但是，出现在"视野中的红斑"又是一种"原初的直接经验"，从根本上有别于可测度的经验物理对象。同时，一个视觉现象亦必定处于某种与"物理空间"截然不同的、更为原初的"视觉空间"

中，而这种有关空间形式的不同区分乃是"现象学语言"区别于物理语言的核心原则。但是，诚如维氏所批判的，一方面空间坐标系须通过"刻度""标记""坐标"等单位来图示特定视角现象的内在数性；另一方面，"刻度""标记""坐标"等本身通常已经是一种用以标示可测性的物理语汇。由此便遭遇如下悖谬：对于视觉经验的现象学描述恰恰需要借助某些惯常的物理语汇。这点无疑使所谓"现象学语言"与"视觉空间"的原初规定性陷入了某种深层的解释困境。鉴于这种挑战，维特根斯坦在提出现象学语言设想后不久便明确地意识到其中包含着深层谬误：

> 当我们言及视觉空间时，我们很容易坠入迷雾。这里，我们在类似于把一个房间称为空间的意义上使用"空间"这个词。但事实上，"视觉空间"这个表述与某种几何结构相关，我的意思是，与我们语言的语法的某部分相关。就此而言，并不存在不同的、每个均隶属其自身主体的"视觉空间"。（Ms-113:248）

不过，"现象学语言"计划的失效并不否定该观念本身所带来的一些重要启示。第一，这一计划引出了两个与后期《哲学研究》（PI:§398）中的相关要点相呼应的至关重要的问题：直接经验与物理世界的关系以及经验主体与经验表达的关系。第二，对于现象及其表达形式的思考以及对直接感官感知的描述，重新恢复了被《逻辑哲学论》囚禁在认识论牢笼下的"感知-心理"问题的重要性，而TLP所构想的那种"自行照料"的逻辑秩序的统一性与单义性在一定程度上碎化为感觉秩序的多重性与复杂性。第三，关于感知秩序的塑造依赖于日常的"直接感知"而并非某种先天的"原初给予"[1]，并通过我们的日常感知陈述获得特定的意义和理解，因此对于感觉秩序的刻画并不诉诸某种由纯粹符号系统构成的"超级语言"，而是由依赖于对相关日常感知的表达形式予以直接地检视。第四，一种未掺杂任何前设的描述暗示着所谓现象学语言并非某种有关感知主体的纯主观符码，亦非某种标示个体内在体验的"私有语言"，它从根本上与日常语言的人际特征及其公共属性密切相连。[2] 第五，与日常语言无法实质分割的特性则提示着某种策略层面上的过渡属性，换言之，所谓"现象学语言"更多地标示了一种哲学策略的调整，即试图在超级语词的空转与日常语言的粗糙之间寻求某种平衡，这种方法"从根本上由真理（truth）问题转渡为意义（sense）问题"（Ms-105:46），是一种"帮助我们区分日常语言中本质部分与非本质部分，认识我们语言中哪些是空转的轮子"的现象学的分析与考察（PR:37）。诚如恩格尔曼所言，"一种现象学语言的考察恰当地表达了1929年维特根斯坦的哲学方法。基本而言，这种方法渗透在对现象中（时间、空间、颜色）给定的诸可能性条件、诸形式结构的考察中"[3]。

---

1. M. Engelmann, *Wittgenstein's Philosophical Development: Phenomenology, Grammar, Method, and the Anthropological View*, UK: Palgrave Macmillan, 2013, p.19.
2. Ibid., p.19.
3. Ibid., p.25.

4. 从"感觉"开始

思考的转向亦标识精神淬炼的轨迹，这点显著地体现在对感知活动的反思里。感知规范（比如"颜色不相容"逻辑）既是告别 TLP 先验主体之统一意志（"精神"）的契机，也是呈现日常实践秩序的重要方式。对于维特根斯坦而言，这种规范内涵显示在种种日常感知表达的语用规范中，并且在感知主体层面上进一步地涉及人际特征及其转换问题。在某种意义上，正是在此日常感知反应中潜存着一种平衡逻辑与伦理的感知符码。

如前所述，对于日常语言与感知经验的回归构成 20 世纪 30 年代初维特根斯坦重塑哲学的整体策略。《逻辑哲学论》承认日常语言包含"完备的秩序"（TLP:5.5563），只是认为对其确切的表达需要借助某种特定的符号系统，后者能够穿透日常语言的迷雾，揭示掩盖其中的真实思想。同样，维氏在过渡初期的手稿中指出，"现象学语言表达着与日常物理表达形式相同的东西，只不过前者的优势在于我们可以通过它以某种更简洁、更准确的方式表达事物"（Ms-105:122）。[1] 问题在于，维特根斯坦认识到我们关于外部

---

[1] 这点暗示了此时维特根斯坦思考的一个重要背景，即他与逻辑实证主义的短暂"蜜月"，尽管他后来否认了对证实原则抱有过同情（K.Fann ed., *Ludwig Wittgenstein: The Man and His Philosophy*, New York: Dell Publishing, 1967, p.54）。众所周知，维特根斯坦在 20 世纪 20 年代与维也纳学派成员，尤其与石里克、魏斯曼（F. Waismann）等人的接触是促使他重返剑桥的重要因素。关于维特根斯坦与维也纳学派之间联系的一份重要介绍参见 Brian McGuinness, *Approaches to Wittgenstein*, London and New York: Routledge, 2002, pp.177-201；其间相互讨论的详细过程的记述参见 Waismann (1979)；关于实证主义原则对维特根斯坦的影响参见 P. Hacker, *Insight and Illusion: Wittgenstein on Philosophy and the Metaphysics of Experience*, Oxford: Clarendon Press, 1972, pp.104-111；关于 TLP 时期真值条件论经由 20 世纪 20 年代末实证主义阶段到后期（转下页）

世界的感知总是已经"自然而然"地表达在日常语言中。因此，所谓"回归日常语言"的一个更深层的意蕴在于详细探查我们的日常感觉经验表达式的运行特征，澄清包含其中的种种理解迷误。对于这一点，哈克给予了明确揭示：

> 没有哪个哲学家像维特根斯坦那样对一种关于语言的现象学如此敏感并给予如此巨大的关注。那种让人在一种语言中感到自在（feel at home）的东西、那种语词所营造的氛围（aura）和"灵氛"（soul）不仅仅只关乎一种强烈的内在旨趣，由于它展示出那种缺乏精确逻辑视角的理解背后的巨大幻象，从而还包含某种强烈的哲学关涉。维特根斯坦自己也同样醉心于这种有关哲学迷雾的现象学，这种迷雾部分地源于语言使用的现象理论。[1]

由此，那种现象学语言的计划最终导向一种关于"语言使用的现象理论"的深度反思。这点已经触及后期维特根斯坦的基本哲学观念，即哲学研究并不致力于逻辑视域下的精确理解，而是应当着眼于日常语言表达的实际运行细节，澄清其中包含的各种

（接上页）"意义即使用"这一策略演变史的追踪参见 W. Child, *Wittgenstein*, London and New York: Routledge, 2011, pp.114-125；关于魏斯曼对维特根斯坦的影响参见 M. Engelmann, *Wittgenstein's Philosophical Development: Phenomenology, Grammar, Method, and the Anthropological View*, UK: Palgrave Macmillan, 2013, pp.111-113。

1. P. Hacker, *Insight and Illusion: Wittgenstein on Philosophy and the Metaphysics of Experience*, Oxford: Clarendon Press, 1972, p.126.

思维模式和理论幻象。在20世纪30年代早期完成的《蓝皮书与棕皮书》(BB)[1]中，维特根斯坦明确地提出了这一战略性调整："为了弄清哲学问题，对那种人们在其中想要提出某个形而上学陈述的特定情形来说，关注其中的那些显而易见，并且无关紧要的细节是很有助益的"(BB:66)。因此，就我们对某个特定语词的日常使用而言，哲学无疑是"一种对表达方式向我们施加的魔力进行的斗争"(BB:27)。从他后续的20世纪30年代的笔记以及讲座记录中可以明显看出，对于日常感知经验表达式的语法分析构成这一整体战略的核心。[2]

维特根斯坦指出，当我们将特定的感觉经验"自在地"付诸日常表达时，相关的感觉语汇便钩织出一个同样特殊的"氛

---

1. L. Wittgenstein, *The Blue and Brown Books*, Oxford: Blackwell, 1958. 这份材料是维特根斯坦于1933—1935年在牛津大学的英文讲稿，由两部分构成：《蓝皮书》(1933—1934年)与《棕皮书》(1934—1935年)。值得注意的是，关于《蓝皮书》，其编者里斯将其定位为一份关于《哲学研究》的"基础材料"，但是史密斯（Jonathan Smith）新近提出了一个不同的见解，认为《蓝皮书》可被视为是一部继TLP之后的独立的，并具有相对完备出版形态的著作。它一方面的确与《哲学研究》之间保持着"概念和文本上"的关联，但另一方面，《蓝皮书》亦提出了一些新的思考，并具有"自身相对独立的意图"。具体参见 J. Smith, "Wittgenstein's *Blue Book*", 载于 Nuno Venturinha, ed., *The Textual Genesis of Wittgenstein's Philosophical Investigations*, New York and London: Routledge, 2013, pp.37–51。
2. 尽管对"感觉–心理"问题的关注贯穿于维特根斯坦的整个哲学生涯，但他主要分两个阶段相对集中地讨论该话题：第一阶段从1929年至1939年，该时期他着重考察感觉语汇在日常表达中的运行细节，并澄清与此相关的各种哲学诱惑；第二阶段从1946年至1949年，该时期他从感觉语汇的语法分析延伸至其他更广阔的心理方面，并且结合对弗洛伊德的精神分析、詹姆斯的意识理论，以及柯勒（W. Kohler）的格式塔理论中的相关心理学概念的语法分析，从而将特定的感觉秩序在日常语言中的形塑过程的语法探查深化为对更一般的日常心理秩序的运行方式以及伴随其中的哲学迷误的系统澄清。后文将逐步深入讨论这些方面。

围",并且在关于感觉秩序的考察中提供了一个展示哲学理论化倾向的特殊通道。"感觉予料"理论(罗素、艾耶尔等)、印象主义(洛克、休谟等)、"私人语言"、因果解释论(罗素、奥格登[Charles Kay Ogden]、理查兹[I. A. Richards])、怀疑论、唯我论等"超级理论"在某种程度上均源于关于日常感觉经验之内在形式秩序的哲学反思。关键在于,维特根斯坦在对感觉秩序的考察中隐秘地启动了一个重要的转换,即从一种有关描述结构的客观化诉求转向对刻画日常语言实际运行细节的规范性诉求。在有关现象学语言的设想阶段,维特根斯坦一方面赋予"直接经验"(以视觉经验为例)某种更基本、更简单和更原初的语用位阶,"直接经验不可能含有矛盾,它超然于一切争论之外"(PR:74),另一方面欲图将感知主体的作用及其主观性置于次一级的衍生位阶:

> 现在我们假设,我总是看到某个物体——我的鼻子——同一切其他物体一起在视觉空间里。当然,其他人不会以同样的方式看到这个物体。这是否就意味着,我所说的视觉空间是属于我的?因而它就是主观的?并非如此。它在这里只是被主观地加以理解了,与其相对,还有一个客观的空间,而后者只是一个基于视觉空间的结构。在"客观的"物理空间的第二性的语言中,视觉空间是主观的,或者说,语言中直接与视觉空间相应的东西是主观的。(PR:71)

这里，维特根斯坦触及一个至关重要的内容，即"直接经验"的观念本质上拒斥感觉主体的任何主观渗透。维氏在《哲学评论》成形初期曾明言，"视觉空间本质上是没有主人的""它所描述的是一个不包括主体暗示的客体"（PR:71）。鉴于此，他甚至认为"视觉空间"这样的说法都已经不再适宜用于刻画直接经验，因为"它包含着对感觉器官的暗示"（PR.74）。但是诚如前文分析：一方面，这一思路随着现象学语言观念的破灭而遭到内在瓦解；另一方面，拒斥主体的观念明显有悖于我们的一些日常直觉，尤其突出地体现在那些偏重心理特性的感觉经验中（比如"疼痛"）。在后续的《蓝皮书》中，维特根斯坦就有关感觉经验的反思本身的内在困境给出了如下明确的刻画：

> 我之所以推迟谈论个人经验，其原因在于在仔细思考这个话题时会出现许多哲学困难，这些困难使我们对于那些通常被称为我们经验的一般对象的东西的所有"常识性的"看法有遭到摧毁的危险。当我们碰到这些问题时，我们可能觉得我们关于符号以及在我们的事例中所涉及的各种事物所说的一切都被置于一个熔炼的坩埚之中。（BB:44）

诚如恰尔德所指出的，在某种程度上，过渡时期的维特根斯坦关于感知陈述的分析意在权衡这样两种不同的直觉：一方面，我们既可以适切地表达自己的特定感知，也可以成功地交流他人的某种感知；另一方面，一个较为明显的事实是，我们与自己感知的关系截然不同于我们与他人感知之间的关系。[1] 毫无疑问，两种直觉都涉及感知主体的参与。确切来说，无论是对于特定感觉经验的个人表达，抑或是对不同感知差异的人际的交流与认识，均渗透着感觉主体对其感觉经验的表达形式，即特定感觉语汇或感知陈述的具体使用。换言之，必须借助"经验-表达"这一概念框架来刻画感觉秩序内在特性。这里，维特根斯坦的要旨可在如下两重层面上加以理解：在消极层面上，感觉经验的日常表达掩盖了蕴含在人际转换中的深刻差异，并且在有关感觉秩序的内在特性的初阶反思中制造了大量的理解迷误；在积极层面上，这些论述有助于我们认识到，所谓"感觉秩序的内在特性"在语用规范性层面上催生出一些重要内涵，它们在有关"感知-心理"秩序与外部经验世界之间关系的理解上提供了某些关键的扩容和启示。

就感知经验领域而言，人际转换的核心问题在于语用规范上的人称不对称性，并且在"经验-表达"的概念框架下呈现出一系列复杂的、相互交织的语用活动。以"疼痛"为例。首先涉及感觉主体自身的"前语言的原始经验"（Z:§540—51; PI:§244），比如牙疼所触发的一系列原始行为（比如捂脸、惊呼、抽搐、喊叫等）。问题在于，感觉主体习得"我牙痛"这类表达式的方式与这些不同的自然的原始行为之间存在何种关联？进一步，由在第一人称语境下的前（非）语言表达转换为语言表达意味着什么？这些问题似乎促使我们可以做出如下这类重要区分：一方面，当

---

1. W. Child, *Wittgenstein*, London and New York: Routledge, 2011, p.184.

某人说"我牙疼"时,可将其视作一种当下的、情不自禁的原始反应,是对其疼痛感觉的一种特定的"表达"(expression),它可以代替或伴随那些前语言的原始行为;另一方面,我们似乎也可以主张,当某人说出"我牙疼"之际,他也为当下所感到的某种特定(内在-心理)经验给予了某种"描述"(description)。毕竟,"我牙疼"这个表达式"说了某些或真或假的东西,而其真假取决于它实际情形,这对他来说,似乎足以算作是描述了自己"[1]。

但是,维特根斯坦指出,基于这种表面区分的解释以一种对如下情形的根本忽视为前提:在实际的语用规范性层面上,对于感觉经验的第一人称表达与感知主体对自身经验的描述之间存在某种根本的不对称性。对此,恰尔德给出了如下解释:

> 在维特根斯坦看来,只有当一个人退回到自己内心,进行反思或自我观察时,才能说他描述了自己。这就是我们在某些时候做的某些事情,并且他承认,在这类情况下,一个人可以真正被说成在描述他的心理状态。但是他认为,在正常情况下,当某人只是发出了"痛死了"或"我感到疼痛"这样的话语,而并不需要停下来反思时,他的话语根本就不是一个陈述或描述。说出"我感到疼痛"这个句子的某个人,也许做了某些不同于这个句子语境下的事情,维特根斯坦这么认为显然是对的。在一种情况下,他也许会对疼痛发出情

---

[1] W. Child, *Wittgenstein*, London and New York: Routledge, 2011, p.206.

不自禁的叫喊；在另外一些情况下，他也许又会向自己的医生做出一份考虑周全的报告；诸如此类。但同时他似乎主张，这些可以被划分等级的话语同处于一个维度之中：因此，如果一个给定的"我感到疼痛"的话语是一个表达，那他就是一个描述；反之亦然。[1]

在这段话中，恰尔德意在表明以下几个要点：

首先，诸如"我牙疼"这样的表达式就表达感觉而言，与原始、自然的表达行为处于同样的层级，感觉语汇的原始习得并不绝对依赖于某个反思或内省式的观察。在表达层面上，话语活动近似于我们前语言行为的原始表现，并且在某些特定的情形中二者可以共置或互换。不过需强调的是，此时说话作为一种纯粹的表达行为，仅仅呈现出语义上较为模糊的人称性，比如儿童通过喊叫来表达疼痛时并非刻意强化"我"在疼痛。

其次，在对当下特定感觉的表达趋向一种自我描述时，该话语活动就在第一人称语境下被纳入了相应的语义环境。同时，这种源于第一人称的语义效能激活了感觉主体的自我反思或内省的观察机制，而在一种理论化的解释意图中，这一与感知语汇的"人称赋值"紧密相连的自省机制通常就被视作向感知主体的内在心理状态的某种回退。

最后，如果对于感觉经验的描述必定立足于一个滞后于原始

---

1. W. Child, *Wittgenstein*, London and New York: Routledge, 2011, p.207.

表达行为的内省过程,那么我们就需承认在特定的话语功能内部存在某些实质的层级或分割。基于此,恰尔德尝试推进维特根斯坦的观点,"话语可以随着一系列不同的维度来划分,某个说'我感到疼痛'的人是否参加了任何反思或自我观察的行为,这是一个问题;这个人所说的语词是否具有描述说话者的语义功能,则是另一个问题"[1]。

恰尔德的这些论述在一定程度上触及维特根斯坦聚焦感觉经验的真实意图。根据维特根斯坦的主张,有关"疼痛""冷暖""红色"等这类感知语汇的语义习得表明,"语词和感知的原始的、自然的表达联系在一起,取代了后者。疼痛的语言表达代替了哭喊而不是描述哭喊"(PI:§244)。在更后期的思考中,维氏尝试推进这一观点,主张将一个特定感觉陈述视作对那种自然的、原始的、前语言的反应行为的一种发展:"语言游戏是原始行为的扩展"(Z:§545)。显然,这里的"取代""扩展"均指向某种更优质的表达,后者在很大程度上体现为在感知活动中纳入自我反思的规范维度。

但是,诚如维特根斯坦所警示的,当人们试图将这种主体的自我反思嫁接在某种神秘的内在状态时,就会产生如下根深蒂固的笛卡尔式观念:感知语汇的语义获得基于某种内在的心理实在(它们在不同的理论模型中都有相应的变形,比如简单印象、直接经验、神秘心像、感觉予料等),它们在私人感知的维度上被假定

---

1. W. Child, *Wittgenstein*, London and New York: Routledge, 2011, p.207.

为某些实在对象以便确保感觉语汇的内在表记定义，从而为纯粹物理记号形态的语词赋予特定的语义功能；语义功能为语词的第一人称赋值保证了一套实质的语用规范，人称转换据此得以可能。维特根斯坦据此指出，该观念构成了自笛卡尔以降关于"感觉-心理"秩序的经典理论模型，并且以不同方式、不同程度地在各种旨在解释感觉本性的初阶反思中发挥作用。

5. 基于人称的语法确证

关于感知陈述的语法探究将我们引向维特根斯坦考虑的一个关键方面：阐明语义功能与语用规范之间的内在联系，以及感觉语汇在人称转换中的语义统一性。在前述那种笛卡尔主义的图景中，基于人称的语义赋值依赖于一个向内在心理实在的回退过程，该过程包含一种内省机制，它在人际交流中植入了某些相互平行且不可通约的规范因素。基于这种内省主义的机制化过程，语义功能为特定的语用规范提供了某种推定性的确证，同时，内省化方案亦将感知经验从根本上统辖在一种个体化的内在情境中。显而易见，这构成了后期维特根斯坦致力于批判的那种"私人语言"[1]观念的核心内涵。由此，感觉经验的个体化与感觉语汇的语

---

1. 众所周知，围绕维特根斯坦在 PI（§243—315）中关于私人语言观的批判业已产生了大量的讨论。对此，两份抱有同情态度的重要评论参见 P. Hacker, *Insight and Illusion: Wittgenstein on Philosophy and the Metaphysics of Experience*, Oxford: Clarendon Press, 1972, pp.215—248 和 M. McGinn, *Wittgenstein and philosophical Investigations*, London: Routledge, 1997, chapter 4；一份持有怀疑态度的评论参 S. Blackburn, *Spreading the word: Grounding in the philosophy of Language*, Oxford: Oxford University Press, 1984, chapter 3, sections 4—5；一份详细解析维氏私有语言"论证"理路，并基于（转下页）

义在确证之间便建立了某种关联:某个感觉语汇的语用实践和语义赋值受制于个体的内省机制,而伴随感觉的外部行为是这一语义功能的某种特定表征。恰尔德由此揭示出这种关联模型所具有的强大诱惑力:

> 关于是什么使得感知个体化的笛卡尔观点是与关于感知的知识以及关于感知语汇的意义的特定观点同时发生的,这些观点在历史上占据重要地位,当我们反省感知的认识论和语义学时,它们具有一种自然的感染力。它们诱使人们认为,那个唯一能够真正知道拥有何种感觉的人,就是主体自己。[1]

关于感知经验的个体化信念排除了一切与感觉牵连的外部环境,诸如"疼痛"这样的感觉语汇必须通过直接内省式地附属于感觉自身才能获得意义:"我把语词与感觉联系起来,当我的感觉再次出现时,我便使用这个词"(Z:§545)。更进一步,"只有我知道我是否真的疼;他人只能通过推测"(PI:§256)。由此,维特根斯坦借助一种"私人语言"的观念,就感觉语汇在人称转换中的语义统一性问题给出了某些均依赖于内省主义框架的解释方案,

---

(接上页)"共同体"视角给予回应的材料参见 S. Kripke, *Wittgenstein on Rules and Private Language*, Oxtord: Blackwell, 1982;一份新近的关于私有语言段落的重要文献参见 S. Mulhall, *Wittgenstein's private language: Grammar, Nonsense, and Imagination in Philosophical Investigations 243—315*, Oxford: Oxford University Press, 2007。本书无意细究围绕私有语言的纷繁争论,仅将其作为一个相关的背景引入。

1. W. Child, *Wittgenstein*, London and New York: Routledge, 2011, p.187.

并力图澄清包含在这些方案的各种迷误。

首先,感觉似乎涉及一种基于内省主义的"想象性映射",即根据第一人称的感觉印象想象第三人称的相关事态。这种映射机制包含两个基本设定:其一,想象依赖某种线性相关的映射机制,通过内省来判断自己处于特定感觉时的具体事态,并形成相应的印象,据此印象推断他人处于同样事态时亦会出现相应的感觉;其二,想象假定不同的人之间获得的感觉印象具有相互平行的实在性,并不存在衍推或派生关联,就痛感经验而言,"我牙疼"和"他牙疼"处于相同的位阶。对此,维特根斯坦的批评主要针对如下一点:在基于想象的人称转换中,感觉语汇被剥离了所有与之牵连的外部环境而仅仅被还原为特定的心理印象。他指出:

> 如果人们必须以自己的疼痛为范例来想象另一个人的疼,那么这绝不是一件很容易的事情:因为我应当按照我感觉到的疼来想象我没有感到的疼,即我在想象中要做的事情并非如此简单:从一个疼的地方转移到另一个疼的地方,如疼痛从手转移到胳膊上。因为我不应该这样想象:我在他身体的某个位置上感觉到疼。(PI:§302)

维特根斯坦指出,这种笛卡尔主义的"想象性映射"立足于感知主体的内省机制,我只能捕捉"我"的感觉印象,但是无法提供穿透第一人称牢笼的切口。因此,对于感觉语汇在人际的语义扩展而言,感觉印象并无助益。于是,需考虑一种更加偏向实在论版本的方案：如果我首先依据内省而掌握了"疼痛"的第一人称语义，那么就可以通过如下原则来理解他人对该词的运用，即他人具有疼痛即处于我疼痛时所处的那个状态，"如果我假定一个东西具有疼，那么我假定的不过是如下一点，即它具有我常常具有的那个东西"（PI:§350）。不过，维特根斯坦紧接着就指出了该方案的问题所在：

> 这么说并没有使我们有所前进。这就好像是说："你当然知道——这里时间为5点钟——这种说法的意思；于是你也知道在太阳上时间为5点钟这种说法的意思。他恰恰意味着：那里的钟点数恰恰同于这里时间为5点时的钟点数。"这种借助同一性而给出的说明在此不起作用。因为虽然我知道，人们可以将这里的5点钟与太阳那里的5点钟称作"相同的时间"，但是我恰恰不知道，在什么样的场合下，人们可以谈论这里和那里的时间同一性。以恰好同样的方式，如下说法也不是任何解释：它具有疼这种假设恰恰是它具有与我相同的东西这种假设。因为语法的这一部分对于我来说是非常清楚的：如果人们说这个炉子具有疼，并且我具有疼，那么人们就会说它与我具有相同的体验。（PI:§350）

这里的关键在于，说"他人具有疼痛即处于我疼痛时所处的那个状态"这一表述究竟意味着什么？一方面，如果我并不理解他人感到疼痛的具体含义，我也就无法理解这个转换本身的含义；

另一方面，那个用以作为转换基石的"疼痛状态"也并非像"此刻为5点钟"这般明晰可辨，感觉的多样性与复杂性使得主体在很多时候根本无法准确地理解自己所处的状态。维特根斯坦在《哲学研究》中反复强调，实际上关于"疼痛""红色""冷暖"等这类感觉语汇的语义习得在很大程度上依赖于特定情境下的人际互动与会话操练，而不是通过单纯的自我反思与内省观察。他由此指出，根本而言，这里所假定的那种基于人际转换构建出的推定性解释链条乃是一种根深蒂固的哲学幻觉。

与上述实在论方案密切相关的一种行为主义的变形版本主张：诚然，我们的确难以精准定位内省状态的复杂性和多样性，但是处于特定感觉（疼痛）状态下的行为表现却是清晰可辨的，因此，从单纯内省式的、第一人称的疼痛观念中掌握对他人处于疼痛状态的观念，这种转换可以通过"利用私人感知和行为之间的关系来获得"[1]。我们从维特根斯坦过渡初期对于感觉语汇的评论中可以发现，这一时期的他同样持有类似的行为主义信念（PR:88—91）。按照这种方案，感觉语汇在人称转换中的语义统一性有赖于从内省模式转换为行为模式的隐秘操作。在第一人称视角下，感知语汇基于一种内省的、直接的感觉随附性获得其含义，这一过程是私人性的、不可交流的；而在第三人称语境下，感觉语汇通过"与感觉的个体性特征有区别的行为模式发生联系"[2]来取得含义，因而是公共可交流的。但是，维特根斯坦逐渐意识到，在这种人

---

1. W. Child, *Wittgenstein*, London and New York: Routledge, 2011, p.198.
2. Ibid., p.185.

称转换中不同语义获得模式之间的切换实际上拒绝了真正的人际交流。他在《哲学研究》中通过那个著名的"盒子与甲虫"的例子详细说明了这点：

> 假定每个人都有一个盒子，其内装着一条我们称为"甲虫"的东西。从来没有人能够向为一个人的盒子里看，而且每个人都说，他只是从他的甲虫的样子知道什么是甲虫的。于是，情形的确可能是这样的：每一个人在其盒子里都有一个不同的东西。甚至人们可以想象，这个东西还在不断地变化着。但是，现在假定这些人的"甲虫"这个词还是具有一种用法吗？因此，它不会是一个事物的名称的用法。盒子里的那个东西根本不属于这个语言游戏，甚至也并非作为某种东西属于它：因为盒子也可能是空的。进一步说来，盒子中的这个东西可以被"约分"（gekürzt werden），无论它是什么东西，它都消失了。这也就是说，如果人们按照"对象与名称"这样的模式来构造感觉表达式的语法，那么这个对象便作为不相关的东西被排除在考察之外。（PI:§293）

这一"盒子与甲虫"的隐喻揭示出维特根斯坦考察感觉问题的一个重要方面：立足于"对象-名称"这一直指定义（ostensive definition）框架的指称论模型与基于"内省-行为"框架的关于感觉语汇的意义说明之间存在显著的理论关联。在第三人称情形下，基于行为模式对"疼痛"的意义归因（meaning ascription）本质上植根于第一人称的内省模式,因此,感觉经验的内在本性与感觉语汇的语用实践毫无关系。维特根斯坦由此指出,感觉语汇既在不同人际存在深刻的语用差异,又紧密相连而非彼此孤立。滋生迷误的根源在于那种第一人称内省主义模式下的语义确证和隐藏其中的笛卡尔式的本质主义信念。尽管感觉语汇的语义功能与主体的自我反思密不可分,但其语义统一性并非基于某种心理实在的表记定义和纯粹的内省化过程,相反,感知陈述的意义归属密切依赖于具体可感的周边环境和会话情境。诚如维特根斯坦所指出的,"唯当在一个特定的语言游戏中,一个感觉词才与某种感觉关联起来,离开语言游戏,它只不过是一件从未穿过的衣服上的饰品"[1]。

关于感觉语汇的语法考察及其人称转换中语用内涵的澄清揭示出,语义功能和语用规范之间并非简单的因果推定,而是一种基于复杂实践的、具体多维的、不断延展的相互形塑。在维特根斯坦看来,经验的多样性业已表明了并不存在唯一的行为模式和单一的语义功能,因此,"我们对语言的习得,用它来描述或表达我们的经验,拓展了我们能够拥有的经验的范围"(PI:ii—xi,§208—209)。由此,对于过渡时期的维特根斯坦而言,感知经验无疑是展现伦理主体的重要界面。如前所述,感知规范一方面体现在感知陈述的多样性及其语义统一性中,另一方面,它亦承诺感知主体的自主性与依赖性。因而,感知规范便在人际视阈下转

---

[1]. M. Hark, *Beyond the Inner and the Outer: Wittgenstein's Philosophy of Psychology*, Dordrecht/Boston/London: Kluwer Academic Publishers, 1990, p.90.

化为一种镶嵌在日常感知反应中的伦理规范。正是这种基于感知活动的规范性孕育着一种融通逻辑与伦理的实践方式,后者根植于特定的语用环境,并且在其语义统一性的要求下吁求溢出单纯的感知语汇,实现新的解释扩容。有鉴于此,言语实践的多样性和复杂性,以及经验的拓展问题合力促使后期维特根斯坦启动了对感觉之外更复杂心理语汇(诸如信念、意图、思想、想象、意向、记忆、情绪、面相感知等)的概念考察,并且聚焦于心理秩序的语用规范性及其在日常语言实践中的运行特征。这种被冠以"心理哲学"的考察,为后期维特根斯坦重新审视哲学的本性提供了关键语境。更重要的是,这种接续了感知-心理论域的哲学省察在更一般性的"内在性"视域下实现了至关重要的概念调度。

第二章
"内在性"与心理批判

> "只有在内心世界中,他才发现了无法表述的外部世界。"
> ——米歇尔·德·塞尔托[1]

"过渡时期"的维特根斯坦对于主题和策略的调整表明,日常感知经验及其问题表达必然吁求经验范围的拓展与深化,由此,对于日常感知语汇的语法分析促动维氏深入考察更一般性意义上的内在心理体验以及内在于复杂心理秩序的语用规范。于是,在后期运思中,维氏大量地聚焦于对种种心理语汇的概念考察,并在"心理哲学"的论题下进行了相对系统的讨论。[2] 显然,一方面

---

1. [法]米歇尔·德·塞尔托:《日常生活实践》,方琳琳等译,南京大学出版社2015年版,第62页。
2. 在此期间,维特根斯坦写下了大量的手稿(Ms-130—Ms-138),其遗稿管理者基于这些手稿编订出版了两部重要的著作:《心理哲学评论》与《关于心理哲学的最后著作》。RPP包含两部分:第一部分(以下缩写为RPPi)共1137节,由Ts-229号打字稿编辑而成,基于1946年5月10日至1947年10月11日的手写稿,参见L. Wittgenstein, *Remarks on the Philosophy of Psychology*, vol.1, G. Anscombe and Von Wright eds., Oxford: Blackwell, 1980;第二部(以下缩写为RPPii)分共737节,由Ts-232号打字稿编辑而成,基于Ms-135至Ms-137号手写稿,写于1947年11月19日至1948年8月25日,参见L. Wittgenstein, *Remarks on the Philosophy of Psychology*, vol.2, H.Nyman and Von Wright eds., Oxford: Blackwell, 1980。LW同样包含两个部分:第一部分(以下缩写为LWi)共979节,由Ms-137、Ms-138号手写稿编辑而成,这部分手稿写于1948年10月22日至1949年3月22日(最后一条评论写于5月20日),参见(转下页)

文本结构层面的复杂联系折射出维特根斯坦这一时期哲学运思的反复与艰深，以及心理哲学在其后期思想中的重要分量；另一方面，有关心理哲学的讨论构成了《哲学研究》(PI) 的一个关键环节[1]，这一工作既是对前述过渡时期工作的积极接续，也在哲学方法论层面上对20世纪30年代中期以来逐渐得到发展的、有关哲学本性等这类重大问题的一种精炼与深化[2]。

如前所述，"过渡时期"对于哲学活动之精神地缘性的觉识促使他从早期有关描述逻辑结构的客观化诉求逐渐转向对刻画具体

（接上页）L. Wittgenstein, *Last Writings on the Philosophy of Psychology*, vol.1, H.Nyman and Von Wright eds., Oxford: Blackwell, 1982；第二部分（以下缩写为 LWii）包含了从1949年至1951年4月有关心理哲学的相关讨论，编者将该时期与主题相关的六部手稿进行编订（包括 Ms-169, Ms-170, Ms-171, Ms-173, Ms-174, Ms-176），形成了一个相对独立的文本，参见 L. Wittgenstein, *Last Writings on the Philosophy of Psychology*, vol.2, H.Nyman and Von Wright eds., Oxford: Blackwell, 1992。此外，在1946—1947年的剑桥讲座中，他同样大量地聚焦于心理哲学，这部分资料主要由当时参与讲座的三位学生（P. Geach, K. Shah, A. Jackson）以笔记的形式记录了下来，参见 P. Geached., *Wittgenstein's Lectures on Philosophical Psychology 1946—1947*, Hemel Hempstead: Harvester Wheatsheaf, 1988。关于这些心理哲学评论，两份相对系统的重要解读参见 J. Schulte, *Experience and Expression: Wittgenstein's Philosophy of Psychology*, Oxford: Clarendon Press, 1995; Michel.T. Hark, *Beyond the Inner and the Outer: Wittgenstein's Philosophy of Psychology*, Dordrecht/Boston/London: Kluwer Academic Publishers, 1990；另外，恰尔德对此给出了一个理路清晰的综述，参见 W. Child, *Wittgenstein*, London and New York: Routledge, 2011, pp.213-229。

1. 关于 PI "第二部分"的文本地位仍存有争论。新版 PI（2009）的编者舒尔特（J. Schulte）与哈克主张第一部分（1—693节）已构成一个相对完备的文本，不赞成将"第二部分"视作 PI 的一个原初构件，但他们仍将后者冠名为"心理哲学：一个断片"置于第一部分之后。无论这种文本编订的方案是否符合维特根斯坦本人的意愿，至少显示出心理哲学在 PI 以及之后的思考中占有至关重要的地位。
2. 事实上，1929年以后关于数学哲学的思考同样构成维特根斯坦后期哲学的重要版图。除过早期的相关讨论（1913—1921年），中后期有关数学哲学的讨论大致可分为两个阶段：1929—1934年；1937—1944年，参见 Gefwert, *Wittgenstein on Philosophy and Mathematics: An Essay in the History of Philosophy*, Finland: Abo Akademi University Press, 1994, p.11。

言语实践的规范性诉求。伴随着回归现象与日常，有关逻辑秩序单义化的内省推定模型在面对感觉心理秩序的多重性与复杂性时遭遇诸多挑战。这在更深层面上触发了他对于哲学本性及其内在品格的全新思考。在心理哲学的视域下，哲学观的整体重塑带动了运思策略与表述风格的转变，并渗透在对诸种心理表达式的详细的语法考察中。

更进一步，这项工作强化了一种哲学方法论上的如下特征：对于心理概念的语法考察密切依赖"内在性"概念及其秩序构造。诚如乔斯顿（P. Johnston）所指出的，内在性观念"位于我们所有心理概念的核心地带"[1]，并且显著地呈现在"内在-外在"的解释框架中。维特根斯坦认为，"内在性"观念一方面构成日常心理语法的核心要素，另一方面，在一种内省主义的推定性模型中，"内在-外在"框架及其衍生内涵反向构造出了某种阻碍理解内在性问题的坚实壁垒。因此，本章将聚焦于维特根斯坦对相关心理语汇的概念考察，着力捕捉《哲学研究》所确立的哲学观及其思考策略在有关"内在性"概念特性的探究中所呈现出的深层效应，借此厘清前述心理秩序的规范内涵在"内在-外在"框架下可能的转译与困境。

1. 走出"深度"的哲学

在反思《哲学研究》的整体布局时，维特根斯坦一开始欲保

---

1. P. Johnston, *Wittgenstein: Rethinking the Inner*, London and New York: Routledge, 1993, p.1.

留某种《逻辑哲学论》以来所确立的表达风格,即"思想从一个对象到另一个对象的推进应该依照一种自然的、没有空隙的序列进行"。但是随着思考的深入,他逐渐意识到这一策略自身的内在困境。在《哲学研究》的前言中,维特根斯坦这样说道:

> 我几次尝试将我所取得的结果焊接成这样一个整体,但是均没有获得成功。这时,我认识到,我将永远不会成功地做到这一点。我能写下的最好的东西将始终只是哲学评论;如果我企图坚持不懈地按照一个方向,违背其自然倾向安排我的思想,那么它们立刻就会变得软弱无力。这点当然是与这种研究的本性联系在一起的。因为它迫使我们不得不在广大的思想领域向着四面八方纵横交叉地周游。这本书中的哲学评论就好像是一大堆在这些漫长而繁杂的旅行中所创作出的风景素描。(PI:preface)

这段著名的自白基本上囊括了后期维氏哲学的运思特征。风格的转变首先意在回应20世纪30年代他在思考感觉问题时所面临的如下困境:伴随向现象和日常的回归,如何平衡日常语言运行中的现成性与日常性之间的深层张力?这种张力体现在两个方面:首先,日常语言就拥有其"自然倾向"而言,并不依赖任何基于内省的推定性解释模型;其次,使得日常会话得以运行的各种言语情境业已包含语言参与者的复杂塑造。对维特根斯坦而言,这里关键在于在平衡上述张力的过程中所承诺的一个基本信念:

在"逻辑研究"的视角下,正是那种内省式的推定性解释使参与者以特定的方式关联于日常语言秩序,相应地,这一基于内省模型的哲学策略在情境识别中启动了诸如"现象-本质""表层-深层""内在-外在"等层级区分,并且在解释日常语言运行特性时在现成性与日常性的关系中隐秘地植入了相似的位阶差异。据此,维特根斯坦揭示出以往有关逻辑研究之崇高信念的虚幻本性:

> 在什么样的范围内逻辑是某种崇高的东西?因为似乎有一种特殊的深度——一般的意义——归属于它。因此,它似乎处于所有科学的基础之处——因为逻辑的考察研究所有事物的本质。它要对诸事物进行刨根问底的探查,不应该关心事实上发生的事情究竟是这样的还是那样的。它并非源起于一种对于自然发生的事件之事实的兴趣,也并非源于把握因果关联的需要,而是源于一种力图理解所有经验上的事物的基础或者本质的努力。但是,事情并非这样的:好像为此我们应该去寻找新的事实的踪迹,相反,对于我们的研究来说,具有本质意义的是我们不想借助于它来学习任何新的东西。我们要理解某种东西,某种已经公开地摆放在我们眼前的东西。因为在某种意义上说我们似乎不理解这个东西。(PI:§89)

维氏指出,一种有关"哲学深度"(PI:§111)的智性幻觉植根于两个彼此相关的意向:欲行解释的冲动与本质还原的倾向。所谓"哲学困惑"在很大程度上源自两者的内在冲突：解释吁求本质，本质有赖解释。对此，维特根斯坦试图借助奥古斯丁在时间本性上的著名摇摆来展示这种失衡："时间是什么？假定没人问我，我知道它是什么；当我试图解释时，便陷于茫然无措"（PI:§89）[1]。我们同样在海德格尔等人的"此在"论述中容易辨识出这一有关哲学困惑的经典模型。简言之，这一发问模式假定，解释者在欲行解释之即便预设了一个有关遗忘的"逻辑时刻"，后者构成一个特定的线性推定的开端，并且规定了其推定方向：解释效力的获得在于，当且仅当"透视现象"重新恢复那种被遗忘的东西之时。

基于对此解释模型的批判性审视，维特根斯坦指出哲学研究的基本特征与其说是指向现象的，而"毋宁说是指向现象的'诸可能性'，即我们就诸现象所做的那些陈述的种类"（PI:§90）。这便涉及维特根斯坦在不同时期对于"可能性"问题的不同理解。在早期《逻辑哲学论》中逻辑构造的视域下，可能性问题指归于对象间的配置形式，而在《哲学研究》阶段，可能性问题则被纳入有关现象之陈述形式的考量中。基于对"可能性"问题的这种重新审视，维特根斯坦进一步强调，哲学研究就其根本特性而言乃是一种"语法考察"：

> 这种考察通过消除误解来澄清我们的问题。这样的误解，

---

[1]. 奥古斯丁原话参见 Augustine, *Confessions*, trans. H. Chadwick, Oxford: Oxford University Press, 1992, p.230。

它们是有关诸语词的用法的，部分来说是由我们语言的诸多领域中的表达形式之间的某些相似性而引起的。它们中的一些可以通过如下方式来清除：用一种表达形式取代另一种表达形式。人们可以将这种做法称为对我们表达形式的一种"分析"，因为这个过程有时与分解具有一种相似性。(PI:§90)

在此，首先将遭遇这样一个问题：所谓"语法分析"是否要求一种最终精确的完备状态？如果答案是肯定的，那么语法分析将同样面临那种潜藏在"现象学语言"观念中的解释迷误。事实上，我们的确可以遵循如下思路将语法分析设想为一种逻辑分析的形变样态：虽然分析的对象从逻辑命题置换为日常陈述，但"好像存在着某种像对我们语言形式的最终分析这样的东西，进而形成一种完全分解了的表达形式"(PI:§91)。这一思路假定，一个日常表达式处于一种未经分析的原始状态，潜藏着某些有待揭示的东西，于是语法分析实际上就被归为一种"本质还原"，它承诺某种最终的确定性或精确性，"我们通过使我们的表达式变得更为精确的方式来清除误解，好像我们在奔向一种确定的状态，在奔向完全的精确性，这似乎就是我们研究的真正目标"(PI:§91)。最终来说，这种对于本质的迷恋显著地表达在对语言、命题、思维的本质追问中，并且这种本质追问必定导向一个完备的确定形态，独立于任何可能的经验干涉。

那么，该如何应对这一有关语法分析的误读？对此，维特根斯坦的基本意图在于揭示那种隐藏在欲行解释与本质还原背后的心理机制。如前所述，本质迷恋植根于那种有关"哲学深度"的信念。人们倾向于认定，"命题是一种令人惊异的东西"(PI:§94)，或者"思维是某种独一无二的东西"(PI:§95)。这种哲学的惊异促使人们以一种"追捕吐火女怪的方式"(PI:§94)去探寻"某种处于表面之下的东西、某种处于内部的东西、某种当我们透视事物时所看到的东西、某种一经分析应当从里面挖掘出来的东西"(PI:§92)。更为关键的是，哲学的惊异业已包含某种"欲纯净化、崇高化命题符号本身的趋向"(PI:§94)，维特根斯坦借此表明，这种源于本质迷恋的理智诱惑在更深层面上受到强烈的伦理化塑造，并由此决定着关于世界秩序的特定想象：

> 思维被一个光环笼罩着。其本质，逻辑，呈现了一种秩序，而且是世界的先天的秩序，即那种诸可能情况的秩序，必定为世界和思维所共同具有的秩序。但是，这种观念秩序似乎必定是最为简单的。它先于所有的经验，必定贯穿于整个经验；它自己不能带有任何经验上的混浊或不确定性。相反，它必定是由纯而又纯的"水晶"构成的。不过，这种"水晶"不是作为一种抽象物而出现的，而是作为某种具体的东西，甚至于是作为那种最为具体的东西，可以说是最为坚硬的东西而出现的。(PI:§97)

在这段话的末尾，维特根斯坦颇有意味地标注了"TLP:5.5563"字样，显然旨在批判《逻辑哲学论》关于先天秩序的逻辑构造模式。关键在于,《逻辑哲学论》所欲求的那种确定的、水晶般纯粹的逻辑秩序始终是一个未完成的、有待实现的"理想"。这一信念包含两个重要的方面：首先，逻辑中不可能存在任何模糊性的或任何未尽的解释；其次，逻辑清晰性的理想"必定"已经包含在实在之中。尽管人们无法确知它是如何出现在其中的，也不尽全然能够理解"必定"的规范本质，但是"我们相信已经在其中看到了它"（PI:§101）。

维特根斯坦由此指出，关于逻辑清晰性和哲学确定性的理想信念密切关联于那种欲通过净化语言来获得崇高解释的理论化幻觉。人们假定，哲学中那种最为坚硬的、独特的、有深度的、具有本质意义的东西即在于它"力图把握语言的无与伦比的本质"，而所谓语言的本质即"存在于命题、语词、推理、真理、经验等概念之间的那种秩序"，一种"超级概念之间的超级秩序"（PI:§97）。维氏进一步指出，围绕超级概念的这种秩序错觉在很大程度上源于哲学家们试图赋予这些概念本身以某种非常独特的现成性，借此将它们从日常性的"污染"中剥离出来。但事实上根本不可能做到这一点，日常性为一切现象的表达形式提供了意义指涉的条件和情境，因此，"如果'语言''经验''世界'这些语词具有一种运用的话，那么它们当然必定具有一种像'桌子''灯具''大门'这些语词的使用一样卑微的使用"（PI:§97）。同样困难的是，这里所加以强化的"当然必定"究竟具有怎样的真实意蕴？对此，维特根斯坦指出，造成这种理解困境的原因在于，那种关于先天秩序的理想化信念与日常概念的实际运行之间存在显见的失衡。这种失衡集中呈现在两种直觉之间的摇摆不定：

> 一方面，如下一点是清楚的：我们的语言的每一个命题"按照其现状就是有秩序的"。也就是说，我们并不是在争取达到一个理想，好像我们的日常的、模糊的命题还没有一个完全无可指摘的意义，而一个完善的语言还有待我们构造出来。另一方面，如下一点似乎也是清楚的：在存在意义的地方必定存在着完善的秩序。因此，即使在最为模糊的命题中也潜存有这种完善的秩序。（PI:§98）

再模糊的命题必定已具有某个特定的意义，因此也必定潜存着完善的秩序。这一论证似乎与我们的日常直觉相悖：一个模糊的命题何以能够具有意义？一个不确定的意义是否还是意义？维特根斯坦在此真正想要说明的究竟是什么？对此，维特根斯坦首先试图借助一些相似的物理意象来澄清那种理想秩序的信念搅扰人们心智的具体过程。他指出，认为"一个不确定的意义就不是意义"就如同主张"一条不清楚的边界谈不上是边界""一个有缺口的围墙根本不是什么围墙"（PI:§99）或"一个规则模糊的游戏并不是一个完善的游戏"（PI:§100）。

更进一步，直觉告诉我们，关于命题逻辑结构的严格、清晰的规则必定隐藏在某种"理解的介质"中，"我们相信已经在其中看到了它"（PI:§101），因为我事实上的确理解了一个记号，并用它来指称某物。维特根斯坦由此揭示出如下关键要点：关于理想语言秩序的哲学构想在更深层面上依赖于语言主体对自身内在性的询唤，即"理想不可动摇地端坐在我们的思想之中。你不能从其中走出来。你必然总是一再地返回来。根本没有什么外面；外面缺少生命所需要的空气"（PI:§103）。在他看来，关于理想秩序信念的自我确证必然倚重于这一"内在性"策略：如果那种显示语言之理想秩序的逻辑本质结构最终渗透于语言的实际运行中，那么我们唯有穿透日常性的泥淖，才能获得对于这种本质结构的真实理解，因为根本而言，语言的本质乃是"此时此刻符号的一种心象"（PI:§105）。

显而易见，就其策略而言，关于语言意义的本质主义解释实际上实施了如下隐秘的转换：将那种运作在日常语言实践中的日常性与现成性共置于一个统一的内在性环境下，从而欲图掩盖两者的失衡所导致的理解困境。但是，维特根斯坦敏锐地指出，这种调节似乎并未帮助人们驱散迷雾，恰恰相反，它在某种意义上加剧了智性迷乱的程度。维特根斯坦将那种难以测度的无力感形象地比喻为好像"用手去修补蜘蛛网一样"（PI:§106）。事实上，向着内在性的询唤本身就是对那种有关净化、崇高、理想、精细、深度以及确定性等智性诉求的响应，并且在日常语言的实际运行中造成了某种致命的停滞：

> 我们越是仔细地考察实际的语言，那种存在于它和我们的要求之间的冲突就越是强烈。（逻辑的水晶般纯净性肯定没有作为结果出现在我面前；相反，它是一种要求。）这种冲突

变得难以忍受。现在,这种要求有成为某种空洞的东西的危险。我们走上了结在地面上的薄冰层,在那里没有摩擦力,因此在某种意义上说条件是理想的,但是,恰因如此,我们也不能行走了。(PI:§107)

显然,维特根斯坦在此意在捕捉那个来自《逻辑哲学论》的遥远的回响:相似的停滞与失衡同样出现在 TLP 的结尾,第七个命题犹如"第七封印",言语秩序在触发"沉默"之即,一切将坠入孤寂。诚如马尔霍尔(S. Mulhall)指出的,文本上的连缀效应暗示着某种哲学观上的深层共振,"即便无法还原精确的时间轴,我们也不难体会这种接续并未完全摒弃那种源自 TLP 的启示和态度"[1]。问题在于,究竟如何理解这种智性共振的真实含义?《哲学研究》已经揭示出,那种柏拉图以来的本质主义模式与对于语言、概念秩序的理想化信念紧密相连,同时,那种欲行解释的哲学诱惑则植根于解释者的意志当中。概言之,本质主义立足于特定的时间或记忆观念,力图通过一种线性推定模型导向某种纯粹的、确定的超级秩序,并呈现在种种本质性诉求中(诸如深度、净化、崇高、确定性等),而这一切均基于一种"内在性"的本体承诺。鉴于此,维特根斯坦启动了内在性视角下的心理哲学考察,并对种种日常心理概念的实际运行方式及其秩序特性给予了系统

---

[1]. S. Mulhall, "Philosophy's Hidden Essence: PI 89–133", in E. Ammereller and E. Fischer, eds. *Wittgenstein at Work: Method in the Philosophical Investigations*, London: Routledge, 2004, pp.63–85.

的"语法综观"。

2. 内在关系：印象主义的迷误

诚如前文所指出的，20世纪30年代关于感觉语汇的语法考察揭示出一种源于笛卡尔式内省主义观念的根深蒂固的影响。这个论点在维氏后期关于思想与实在的关系问题的思考中得到了拓展和深化，其中，内省主义所假定的推定性模型转换为一种"媒介"视角下关于"内在关系"的理论构想。维特根斯坦形象地称之为一种关于思维的"普纽玛式的理解"（PI:§109）。由此，关于思想和语言秩序的哲学想象在这种特定的思考框架下与心理秩序的内在品性关联起来。当思想、语言被设想为连接心灵与实在的媒介时，就潜在地假定了两者将在语言中显示出某种同构性，即那些包含在心灵中的要素、关系以及差异在思想的运行中将被保真地转换为实在的要素、关系以及差异，由此思想和语言便保证了某种逻辑的推定结构。我们看到，这种同构性效果显著地体现在维特根斯坦关于词与物之间"实指定义"的解析中。

更进一步，从上述同构性信念衍生出一个特殊的解释视角，维特根斯坦将其视作一种"整编语言"的意图，即目光穿透日常表面，"十分精确地调准到事实之上"（PI:§113），给出解释从而把握其本质。维氏指出，这无疑是一幅有关思想和语言的整体图景，它"束缚住了我们，使我们无法逃脱，而语言好像只是在向我们强硬地重复着它"（PI:§115）。维氏还指出，同构性信念贯穿其中，并且忽视和掩盖了思想以及语言实际运行的多样性与差异化，由此导致了智性上的某种"深刻的不安"："经由对我们语言形式的一种曲解而产生的问题具有深刻的特征。它们是深刻的不安，它们像我们的语言的诸形式一样深深地扎根于我们之中，而且它们的意义与我们的语言的重要性那般巨大。请问一下自己，为什么我们觉得一个语法玩笑是深刻的？（这肯定是那种哲学的深刻性）"（PI:§111）。

维特根斯坦指出，哲学解释依据同构性信念内在地关联于一种"媒介"的观念，后者作为展开推定性解释的逻辑通道，在思想与实在的二元框架下"强硬地重复着"自身的线性指归特征。前文所引的那段《哲学研究》的序言中同样体现出相似的幻觉，日常语言活动在其日常性与现成性之间向来秉持着某种稳健的自然平衡，它促使我们"不得不在广大的思想领域向着四面八方纵横交叉地周游"，在漫长而繁杂的旅行中创作"风景素描"。由此，哲学的功能在于尽可能详细地探查日常语言的实际运行方式，而不应当"以任何方式损害语言的实际用法"（PI:§124）。维特根斯坦由此指出，通过一个所谓的哲学困惑由以产生的方法论内涵：

> 我们不解的一个主要来源是：我们没有综览语词的用法。我们的语法缺少可综览性（die übersichtliche Darstellung）。综览式表现促成了理解，后者恰恰在于：我们"看到诸关联"。由此便有了找到和发明中间环节的重要性。综览式表现概念对于我们来说具有根本的意义。它标示了我们的表现形式以及我们察看事物的方式（一种"世界观"?）。（PI:§122）

基于此，维特根斯坦为哲学研究的任务给出了明确的指示："将语词从那种形而上学的空转中引回到其日常的使用中来"（PI:§116）。为了祛除因语法混淆而引发的理智迷误，哲学应当关注一个表达式在日常生活中有意义的使用方式，在一种关乎语言实际运行细节的"综览式表现"中澄清其中的语法联系和差异。针对语法的"可综览性"探查就像"为了一个特定的目的来收集纪念品"（PI:§127），它作为后期维特根斯坦所推行的基本策略，"构成从《哲学评论》至《关于心理哲学的最后评论》这段时间的主要基调"[1]。

语法混淆的实质不在于事实性误解，而在于解释者自身的意志。维特根斯坦多次强调，由于误解语言表达式所导致的种种诱惑并不是一种单纯的理智错误，而是一种深刻的意志紊乱，他将其称为一种"迷信"（PI:§110）、一种"着魔状态"（PI:§109）以及一块"理智冲撞语言界限时产生的肿块"（PI:§119）。这种失序状态显著地表征在以一种特定的方式理解"中间环节"的情形里。在前述那种有关日常语言秩序之心理内涵的本体论承诺下，这一有关"中间环节"的探寻被转换为基于特定"媒介"所实施的内在询唤，后者与一种"内在关系"的想象紧密相连，并呈现出多重维度：

---

1. G. Baker, *Wittgenstein's Method: Neglected Aspects: Essays on Wittgenstein*, Katherine J. Morris eds., Oxford: Blackwell Publishing Ltd, 2004, p.23. 贝克在第一章为 PI 第 122 节提供了一份详细的讨论，参见 pp.23-51。

内在关系的问题在维特根斯坦那里以极其多样的方式被提了出来。就其最抽象的形式而言，它体现为语言与实在、符号与意义的内在关系，他由此论及"语言或者思想与实在的和谐"（PI:§429）；在相对具体的层面上，它则涉及规则与使用、欲望与满足、期许与实现、命令与遵从以及感觉与表达之间的内在关系。[1]

在此牵扯到维特根斯坦言及"内在关系"的一个关键背景，即一种"洛克-休谟"式的关于思想与实在的印象主义表征模型。众所周知，该模型试图诉诸某种心理"印象"来解释思想的意向性。它首先假定，思想是由心理印象所构成的，而心理印象是在我们的感觉和反省中所形成的"一个经验的副本"[2]。显然，在印象主义视角下，较之思想对实在的表征，感觉经验及其内省化运作处于更原初的地位。印象主义植根于经验主义的感觉理论，尽管洛克和休谟并未突出地强调这点，他们基于一种"直觉"将这种心理印象的表征特性更多地视作当然且确定可靠。前文指出，罗素以及艾耶尔等人所提倡的那种感觉予料理论即这种经验主义感觉理论的一个经典版本。因此，豪克强调，感觉在那种有关心理表征的"休谟-詹姆斯-罗素-艾耶尔"传统中占有核心地位；感觉

---

1. M. Hark, *Beyond the Inner and the Outer: Wittgenstein's Philosophy of Psychology*, Dordrecht/Boston/London: Kluwer Academic Publishers, 1990, p.44.
2. W. Child, *Wittgenstein*, London and New York: Routledge, 2011, pp.131-132.

既是产生知识的根源,也是一切心理指令得以发出的基石,"感觉是经验的起始(terminus a quo)与终端(terminus ad quem),一个不曾以感觉为始终的理论就像一座没有梁的桥"[1]。

不过,罗素与詹姆斯一方面承认感觉经验的重要性,另一方面,两者从不同角度对洛克和休谟的观点作出了修正。罗素通过诉诸思想与外部对象的因果联系来解释意向性问题,詹姆斯则指出洛克和休谟从根本上"错误地呈现了意识生活的实际特征"[2]。印象主义解释模型蕴含着这样一个基本承诺:心理印象作为感觉经验的"副本"遵从某种类似于"服从一个命令"的线性指归原则。在印象主义者看来,要确切地理解一个特定的命令就必定牵涉关于此命令的事情的某种印象,维特根斯坦通过如下案例对此做了刻画:

> 考虑到我只给予他一个语词("红花"),他又是如何知道要取哪种红花?答案也许是这样的,他一边走过去寻找红花,一边脑子里闪现出一朵红花的印象,然后再拿这种印象与眼前的花束比照,看看这朵花是否具有印象中的那种颜色。(BB:3)

一种强版本的印象主义假定,在心理印象与可感性质之间存

---

[1] M. Hark, *Beyond the Inner and the Outer: Wittgenstein's Philosophy of Psychology*, Dordrecht/Boston/London: Kluwer Academic Publishers, 1990, p.199.

[2] W. Child, *Wittgenstein*, London and New York: Routledge, 2011, p.214.

在某种线性的映射或指归机制。詹姆斯指出，该方案将意向表征局限在可感对象或实在领域，而"一切心理内容都是由对象的印象所构成的"[1]。维特根斯坦从根本上反对这种强版本的印象主义观点，在他看来，问题的关键在于澄清心理印象与感受质之间的这种指归机制本身的虚假性。心理印象并非一种用以表征思想的"副本"，在大多数日常情形中，我们通常都无须借助一个心理印象就能很好地理解一个想法。维特根斯坦通过展示日常生活中服从一个命令的实际过程来显明这点："一个命令'设想这里有个红色的斑点'；他在这个情况下不会被引诱去认为在服从之前必须设想到一个红色的斑点，来作为被命令去设想的那个红色斑点的一个模版"（PI:§451）。更进一步，维特根斯坦指出，关于心理印象的那种"副本"或者"模版"的意象潜在地设定了一个内在于被表征对象的、作为其本质的"原本"，类似于一个镜像背后必定存在一个更加真实的"原像"。他认为，这种观念忽视了如下基本事实：我们总是能够以极其不同的方式来解释一个特定的心理印象。换言之，"一个心理印象并不仅凭其自身就充分地决定一个关于什么样的思想"[2]。维特根斯坦试图借助其著名的"立方体"比喻来阐明这点：

> 当某个人对我说出比如"立方体"这个词时，我知道它所意味的东西。但是，当我这样理解它时，这个词的全部的

---

1. W. James, *The Principles of Psychology*, New York: Dover Publications, 1950, p.283.
2. W. Child, *Wittgenstein*, London and New York: Routledge, 2011, p.133.

运用竟然能够浮现在我的心中吗？是的，但是另一方面，这个词的意义难道不也是经由这种运用获得规定的吗？那么这些规定现在会发生矛盾吗？我们一下子把握住的东西与一次运用能够一致吗？能够适合于或者说不适合于它吗？我们瞬间想起的东西、瞬间浮现于心中的东西如何能够适合于一次运用？当我们理解一个词时，浮现于心中的东西真正说来究竟是什么东西？难道它不是某种像一幅图像那样的东西吗？它不能是一幅图像吗？现在请假定，在听到"立方体"这个词时，一幅图像浮现在你的心中。比如一个立方体的图样。在什么范围内这幅图像能够适合于"立方体"这个词的一次运用，或者不适合于它？或许你会说："这很简单，当这幅图像浮现在我心中时，如果我指向比如一个三角棱镜，说这是一个立方体，那么这种运用便不适合了这幅图像。"但是它不适合吗？我是有意这样来选取这个例子的，即人们非常容易想象这样一种投影方法，按照它，这幅图像现在的确是适合的。立方体的图像的确向我们提示了某种运用，但是我也可以以其他的方式来运用它。（PI:§139）

在此，维特根斯坦旨在依循《哲学研究》所确立的如下核心语义观来澄清心理印象的难题："意义即使用"。一幅图像的意义总是受制于那些围绕它展开的复杂多变的、难以尽述的日常使用，而并非某种横亘不变的绝对的现成品。即使在一种表征主义的视角下，它也仅仅体现为对特定使用或理解方式的一种例示，而并不指向某种隐匿在表层图像之下的深层实在。也许在某些极其特殊的情形下,"立方体"概念的语义功能的确与某种心象相连,比如某人在听到"现在请想象一个立方体!"的命令时所做的,但是在关于"立方体"这一概念的更多的使用中,实际情形并非如此。比如在几何学研习、建筑规划,抑或图论解析等活动中,是否能正确理解"立方体"在很大程度上取决于是否以恰当的方式使用了这个词,而非取决于某个特定的心理印象。事实上,这点反向暗示出,以那种关联于内在心象的方式使用"立方体"在很大程度上恰恰位于其语义功能的边缘地带:"为了将对立方体的心理印象起一种立方体的一般表征的作用,我们会为一个主体必须运用立方体的心理印象给出任何一种说明,这种说明都可以很好地直接运用到主体对语词'立方体'的使用上去,心理印象并没有扮演着至关重要的角色。"[1]

3. 詹姆斯的批评

显然,印象主义的核心问题最终归于心理实在或内在心象的本性问题。事实上,正是在这一问题上詹姆斯提供了一个完全不同的思路。他认为,前述诉诸心理印象的解释力的不足暴露出两个关键问题。首先,在解释思想与实在的关系时,印象主义过于简单地诉诸两者间的心理表征及其副本,而实际的心理意识活动较之单纯的线性指归要远为复杂和多样。其次,源于此,假定心

---

[1]. W. Child, *Wittgenstein*, London and New York: Routledge, 2011, p.134.

理印象所指涉的表征内容事实上并未企及对象的真正意蕴,这一有关线性指归的推定性信念恰恰回避了意识心理经验的多维性和复杂性。因此,詹姆斯指出,日常语言根本而言无法完备地描述意识心理体验的全部内蕴,"某人能够强烈地感觉到他在知道、体验、把握世界与经验之流的内在的复杂性和多样性,但日常语言无法表达这点"[1]。面对意识经验的丰盈和精微,日常语言总是显得过于"粗糙":

> 人们相信,困难之处在于:我们应当去描述难以捕捉的现象、快速溜走的当下经验,或者诸如此类的东西。在那里,日常语言似乎太粗糙。事情看起来是这样的:与我们相关的似乎不是人们日常所谈论的那些现象,而是"这样的易逝的现象,它们在出没过程中近似地生产出前一些现象"。(PI:§436)

詹姆斯的批评再次涉及感觉经验的认知性问题。对于洛克、休谟等传统经验论者而言,感觉就其本性而言不包含任何广延,而构成经验的原始要素无外乎是一些"无广延的感觉"[2]。这一原则与某种叔本华式的观点遥相呼应。叔本华认为,感觉的运作处于身体之中,并且不关涉任何外部事项,而关于外部世界的感知只

---

1. P. Hacker, *Insight and Illusion: Wittgenstein on Philosophy and the Metaphysics of Experience*, Oxford: Clarendon Press, 1972, p.127.
2. M. Hark, *Beyond the Inner and the Outer: Wittgenstein's Philosophy of Psychology*, Dordrecht/Boston/London: Kluwer Academic Publishers, 1990, p.201.

是一个理智过程,一种心灵的产物,因此"感觉并不具有任何认知价值"[1]。詹姆斯指出,这种观点事实上错失了有关感觉经验的一些至关重要的方面:

> 我认为,感觉无疑具有认知内容。感觉提供外部世界的信息,尤其是其空间特性。经典经验论并未解释这种广延的根源。比如贝恩(Alexander Bain)认为,感觉并不具有广延……詹姆斯是一个先天论者(nativist),他将那种借助自身无广延的要素来说明广延的做法斥为一种假把戏。感觉在语词运行中获得了空间性。因此,一场温水浴要比局部针刺来得充实;脸上的某处神经疼就没有一大块擦伤来得那么剧烈;同样,较之笔尖划过纸张的沙沙声,轰隆的雷鸣要强烈得多。我们对于广延的意识是与生俱有的,学习所得的则是一种关于空间的较次生的知识。[2]

按照詹姆斯的"先天论"主张,感觉就是一种神经束受到刺激之际在大脑中所产生的最直接的反应,"它一开始就是一种纯物理的关系,并不涉及任何心理联系,无关乎记忆、推理或联想媒介等活动"[3]。诚如维特根斯坦所指出的,从詹姆斯的观点中可以引

---

1. M. Hark, *Beyond the Inner and the Outer: Wittgenstein's Philosophy of Psychology*, Dordrecht/Boston/London: Kluwer Academic Publishers, 1990, p.200.
2. Ibid., p.200.
3. W. James, *The Principles of Psychology*, New York: Dover Publications, 1950, p.216.

出如下一个关于感觉的经典定义:"感觉是那种被人看作直接给予的、具体的东西;是那种人们只要看一眼就能认识的东西;是那种真实的在那里的东西"(RPPi:§807)。由此,詹姆斯同时回应了休谟式感觉主义者和笛卡尔式理智主义者;一方面,感觉经验并不是某种纯粹的内在心理运作,恰恰相反,日常感觉向来密切关联于外部世界,我们通过各种各样的感觉活动获得有关外部世界的基本认知;另一方面,感觉所通达的世界并非仅仅是一个纯物理的对象领域,而通达世界的方式也并非那种单纯基于内在心象的线性指归。感觉不仅包含对象世界的可感性质,还关涉大量除对象以外的其他事项,比如一种关于对象关系、情绪态度、记忆倾向、期许意愿以及诸如此类的心理事项的感觉。更关键的是,对于这些心理事项的意义说明深刻地依赖于对相应概念之实际运作方式的详细探查,这点亦是维特根斯坦批评詹姆斯的要旨所在。

基于对传统经验论的如上诊断,詹姆斯首先聚焦于一种特定的"关系感觉"。他将这种关系感觉视作"思想之河中的一个至关重要的组成部分"[1]。依循其先天论的主张,关系感觉同样位于意识活动的核心地带,它们通过一系列特定的关系词项来展示相应的关系样态,比如通过"如果""但是""并且"来展示一种假设、转折、并列的关系。在他看来,由于对可感性质的过分迷恋,加之关系词项本身的日常性制约,我们往往忽视了这些关系感觉的

---

1. W. Child, *Wittgenstein*, London and New York: Routledge, 2011, p.214. 此处关于"思想之河"的说法很大程度上源于《心理学原理》第九章,其标题即为"Steam of Thought",也正是这一围绕"思想"本性的心理学解释激发了维特根斯坦对詹姆斯给予了最为集中的批评。

存在：

> 我们应当说有一种关于"并且"的感觉、一种关于"如果"的感觉、一种关于"但是"的感觉、一种关于"经由"的感觉，这些感觉正如我们说一种关于蓝色的感觉或者关于一种寒冷的感觉那样毫无困难。然而我们并没有认识到这些感觉：因为我们的积习是如此根深蒂固，它们仅仅能认识到有实质性的成分的存在，语言几乎拒绝将自己运用于其他领域。[1]

对此，维特根斯坦指出，詹姆斯误解了关系词项的意义归因与关系感觉之间的关系。按照詹姆斯的观点，一种特定的关系感觉及其效果只有在相应关系词项的实际运行中才能得到表达，关系词项犹如一个中转站，特定的关系感觉通过它与一种特殊效果关联起来。以"但是"这一关系词项为例，可以作如下设想：在我们的意识心理中存在一类不包含任何事实性要素的特殊直觉，它经由"但是"这一关系词项的中转处理产生了一种特定的转折效果，而只有获得这一转折效果时，我们才将那个内在于意识的原初直觉与外部世界中的某些事实性要素关联起来。维特根斯坦质疑这种解释链条，实际上，通过"但是"表达一种转折关系并非必定与一种特定的关系感觉相联结：

---

1. W. James, *The Principles of Psychology*, New York: Dover Publications, 1950, p.245.

> 设想我们发现有个人向我们讲述他对语词的感觉:他对"如果"和"但是"的感觉是一样的。我们不可以相信他这话吗?我们也许会觉得很奇怪,可能会说:"他做的根本不是我们的游戏",甚至说:"这是另一种类型的人"。如果他像我们一样使用"如果"和"但是",我们难道不该认为这个人理解这两个语词—如我们理解这两个语词吗?(PI:ii-x, §182)

维特根斯坦强调,有关"如果""并且""但是"等这类关系语词的语义确证取决于它们的日常使用以及相关的语用情境,而非通过某种神秘的内省式还原。即使某人在使用这些语词时获得了某种特定的关系感觉,但这点仍然无法保证是不是该词一经使用便会有随附而至的同一种感觉。实际上,关系词项的日常使用总是面临各种各样的复杂情形,它们均与一种内省化的感觉指涉相去甚远:"你肯定有唯一一种对'如果'的感觉吗?不会有好几种吗?你试过在很不相同的上下文中说出这个词吗?例如有时它是句子的重音,有时它后面的句子是重音"(PI:ii-x, §182)。

不过,问题在于究竟能否将詹姆斯的观点归结于前述的那种内省主义模式?诚如恰尔德指出的,一种强版本的内省主义假定,有意义地使用某个关系词项的"充要条件"在于是否产生相应的关系感觉,这点亦构成维特根斯坦批评詹姆斯的要点。但是恰尔德认为,詹姆斯本人是否持有这一观点并不是很清楚,至少后者表露出了一些更富弹性的主张:

> 詹姆斯并不认为一个"如果"感觉的出现是语词"如果"有意义使用的充要条件。他也并不反对并不存在唯一的一个"如果"感觉这个暗示。他明白地拒斥了这样一个假定,即同样的一片草总是能够给我们同样的关于"绿色"的感觉……我们甚至可以认为他同时拒斥了这样一个假定,即同样的关系总能给我们关于同样的关系的感觉。[1]

恰尔德的这种质疑或有一定道理,但是对维特根斯坦而言,真正的问题并不在于是否精准地把握了詹姆斯的真实想法。诚如舒尔特(J. Schulte)所强调的,"维特根斯坦在20世纪40年代所引述的一些人事实上并没有对他的思想产生任何内在的影响,而詹姆斯的《心理学原理》仅仅为他提供了一些精要的观点和优越的例证"[2]。事实上,维特根斯坦批评詹姆斯的核心要旨在于后者以关系词项为范本所主张的那种意义理论背后所暗含的各种本体论承诺。

从前述詹姆斯的感觉理论中不难发现,他假定关系感觉拥有与感官感觉相同的认知特性。关系感觉是构成我们意识生活的一个关键元件,它们确保了关系词项的语义功能与有效运行。就此而言,关系词项的语义证成同样立足于一种向特定关系感觉的内省式还原。这点就关联到维特根斯坦对于内省主义感知理论的批

---

[1] W. Child, *Wittgenstein*, London and New York: Routledge, 2011, p.217.
[2] J. Schulte, 1995, p.76.

判。他指出，在一个涉及关系词项的日常陈述中，我们通常都不会经验到某种语词一经使用旋即在意识中呈现出来的特定经验，即使是在一些极其特殊的语言游戏中，比如在玩"描述一种关于'如果'的感觉（Wenn-Gefühl）"这样的游戏时，我们所尝试经验到的感觉也并非始终如一的："如果我通过仔细观察看到在那个游戏里时而这样经验，时而又那样经验，那岂不是也就看到我在谈话进程中经常全然不经验到它吗"（PI:ii-x, §215）？因此，詹姆斯通过诉诸感觉与词项之间的内省式联结并不能构成有关这些词项的一种意义说明，只不过是"以特定方式获取了我们经验的某个面相"[1]。

以"如果"为例。我们只消对该词的日常使用稍加反思就不难发现，在不同的语言游戏中，用"如果"来表达一种"假设"关系实际上总会面临各种各样的复杂情况，其中最典型的案例即所谓"实质条件句"与"反事实条件句"之间的区分。关于"反事实条件句"的真值问题一度引起哲学家们的激烈讨论，因为它对于诸如符合论这样的既定的真值主张构成了巨大的挑战。

实际上，我们的确可以在詹姆斯的准内省主义路径与一种真理符合论之间建立某种联系，两者在方法论上共享相似的论证模式。简言之，一个"如果"命题的意义取决于和特定的"如果感觉"相符与否。但是，如果仔细审视条件句的实际运行方式，就会发现在不同的实质条件句之间、在不同的反事实条件句之间，

---

1. P. Johnston, *Wittgenstein: Rethinking the Inner*, London and New York: Routledge, 1993, p.102.

以及在实质条件句与反事实条件句之间均不存在显著的事实性分殊，相反，它们呈现为一整套极其复杂的语法谱系。在一定程度上，这些划分的意义毋宁说是在于展现这样一个事实：某一类命题会以相似的方式刻画日常经验的某个特定面相。

为便于理解，我们不妨罗列一些有关条件句之语法谱系的片段：（1）一些实质条件句趋向表达相应事实的真假情况："如果明天下雨，就取消面试"；（2）一些反事实条件句更接近于表达某种特定的命题态度而无关乎真实情况："如果当时我没去那家公司面试该多好"；（3）另一些条件句则既关乎事实状况，也表达命题态度："如果他是种族主义者，那么我倾向于不录用他"。

更进一步，上述分析引出了詹姆斯的另一个观点：当我使用"如果"这个词时，那种随附而至的"如果感觉"展现出此刻我的意识中想要表达一种假设的倾向。换言之，存在一种关于倾向于说出特定语句的明确的、有意识的经验，"即使在我们开口说话之前，完整的思想都已经以一种打算要说出这个句子的形式呈现在我们的脑海里"[1]。詹姆斯将这种特定的意识经验称为一种"趋向感"，并给予如下刻画：

> 那种我们一开始惊鸿一瞥到的东西、用大白话来说的那种"顿悟"（twig）到的东西，究竟是什么？当然是心灵中一种特定的感觉。不过，人们从来没有问过自己，那种在未

---

1. W. James, *The Principles of Psychology*, New York: Dover Publications, 1950, p.270.

言说之前出现的"倾向说出某事"的情形究竟是何种心理事实?它是一个全然明确的意向,不同于其他所有的意向,因而也是一种绝对特殊的意识状态。然而它包括多少有关语词抑或事物的明确的感觉印象呢?简直空无一物!尔后,语词和事物缓慢地填充到心灵中,那种期许、预测的意向随之消失。只不过,在语词到达之时,如果语词符合这种意向,后者就接纳它们,并称之为对的;如果语词不符合意向,那么它就拒绝它们,并斥之为错误。由此,事物便具有一种有关自身的最为确定的本性,但是,倘若不使用那些关于后来填充它的心理事实的语词,我们关于它还能说什么呢?对它唯一的刻画只能是称它为一个欲说如此这般的意向。[1]

按照詹姆斯的主张,某人在第一次朗读一个句子时能在第一时间就准确地把握住其中的词义的话,足以说明他一开始在意识里就拥有关于这个句子形式的某种感觉。这种感觉与当前语词的意识相融合,并在心灵中进一步精细化,使得他以合适的口吻和语调说出这个词。由此,詹姆斯试图刻画意识经验的运行特征:一方面,作为意识与感觉的"填充"或"融合",词与物是感觉经验在心灵中成像的基本要素;另一方面,这种"有意识的经验现象的特征却并不属于经验的领域"[2],并不受制于词与物的规约。这点显著地体现在那种欲言又止的关于"找词"的感觉中;

---

1. W. James, *The Principles of Psychology*, New York: Dover Publications, 1950, p.253.
2. W. Child, *Wittgenstein*, London and New York: Routledge, 2011, p.216.

设想我们尝试去回忆起一个早就遗忘的名字。这种意识状态是独特的。在那里会出现一只"魔多之眼",它并非一个空洞,它蠢蠢欲动着。好像它里面包含着那个名字的幽灵,从一个给定的方向召唤我们进入,于是我们为某种快要触及的感觉兴奋不已,尔后又使我们平静下来,慢慢搜寻,并不急于找到一个词。这时,进入我们意识的如果是一些错误的名字,这只特殊的眼睛就会立即阻止它们,因为它们并不符合这个模具。每个词语背后的"黑眼"都不相同,而所有虚空的内容在被视为那种"黑眼"时都似乎是必须的。当我试图徒劳地回忆起斯巴达的名字时,我的意识就会从我徒劳地回忆起鲍威尔那里迅速远离。[1]

这里,詹姆斯无疑为意识运行的经典解释提供了一幅生动的素描。在《心理学原理》中,詹姆斯是在"意识之流"(stream of consciousness)的标题下言及一种倾向的感觉。面对经验论通行的原子主义与联想主义模型,詹姆斯旨在强调意识的统一性和整体性,"意识并非由某种细碎的断片组成,它并不是构成的,它是流动着的。用'河'或'流'来形容它最为恰当,因此不妨称之为思想之河、意识之河或者主观生活之河"[2]。在他看来,赫拉克利特的河流之喻同样适用于意识特征:我们永远不可能两次拥

---

1. W. Child, *Wittgenstein*, London and New York: Routledge, 2011, p.251.
2. W. James, *The Principles of Psychology*, New York: Dover Publications, 1950, p.239.

有同一种感觉。在意识的河流中,感觉体验总是处于变动不居的状态。詹姆斯将意识进一步划分为两个不同的方面:"实质部分"(substantive parts)与"传导部分"(transitive parts)[1]。所谓"实质部分"由那些经典原子论者所揭出的要素构成(比如语词、图像、印象等),"传导部分"则由这些实质部分之间的"关系感觉"构成。他试图借助这一区分来为解释意识生活的统一性与完整性:

> 在我们将自己的内省由意识的实质部分转向传导部分时,那种意识的统一性和完整性就很显而易见了。詹姆斯将二者比喻为鸟儿的活动:飞翔与栖息。栖息的时刻受制于语词和图像;飞翔的时刻则受制于那些构成心灵的、相对稳固的要素之间的关系感觉。通过内省的方式很容易掌握那些实质部分,但是传导部分就比较难以捉摸:试图掌握它就像要挑起灯看清黑暗的模样一样困难。然而,那些传导中的感觉是至关重要的,它们为思想提供了方向和参照。它们从图像走向图像,从图像走向语词,从语词走向语词,再从语词走向行动。这种趋向感的一个典型例示就是那种话到嘴边却又一时说不上来的情形。[2]

由此,这种意识的统一性为关系感觉与趋向感觉的彼此融合

---

1. W. James, *The Principles of Psychology*, New York: Dover Publications, 1950, p.243.
2. M. Hark, *Beyond the Inner and the Outer: Wittgenstein's Philosophy of Psychology*, Dordrecht/Boston/London: Kluwer Academic Publishers, 1990, p.242.

提供了至关重要的条件。维特根斯坦敏锐地指出，这种概念上的语法混淆乃是造成詹姆斯理论混乱的根源。他在不同地方标示了这种混乱产生的节点，比如"话到嘴边却不得"（PI:ii-x, §219）、打断的谈话又重新接续（PI:§633）、思想未诉诸表达之前就已了然于胸（Z:§1）等情形。值得强调的是，维特根斯坦并不否认这些现象的某些独特品质，但是他真正关心的乃是"心理与概念的谱系"（RPPi:§722）以及詹姆斯描绘意识特征的方式。尽管通过一种内省化的还原，詹姆斯或许触及了这些现象的特殊本性，但是他从根本上忽视了这些心理表达式的逻辑界定。他将"意向"与"经验"混为一谈，而事实上把那些在"关于趋向感的语言游戏中所使用的概念归为经验是一件古怪的事"[1]。维特根斯坦指出，正是这种意识与经验的概念混淆导致詹姆斯在面对诸如"一个名字在嘴里打转"这类情形时产生了一种貌似奇特的感受：

> 詹姆斯其实想说"这是一种多么奇怪的体验！这个词还不在那里，然而在某种意义上它又已经在那里了，或者某种只能变成这个词的东西已经在那里了"。可是，这根本不是一种体验。"那个词就在我的舌尖上"没有表达任何体验，詹姆斯只不过对它们做了一种奇怪的解释。（LWi:§841）

维特根斯坦认为，我们确实在某些情境下会说出"这个词就

---

1. M. Hark, *Beyond the Inner and the Outer: Wittgenstein's Philosophy of Psychology*, Dordrecht/Boston/London: Kluwer Academic Publishers, 1990, pp.243-244.

在我舌尖上"或者"现在我知道了"之类的表述，但它们均不是在表达某种体验，因为实际上它们并不包含任何经验内容，而只是"被某些特殊的氛围或体验所围绕"（LWi:§842），这点特别体现在我们真的找到了那个想找的词之际。维氏指出，詹姆斯在对那种"回想一个名字"情形的刻画中潜在地假定了一个基本的本体承诺，即"一种绝对明确的意识状态"包含着某种具有既定指归趋向的"逻辑胚芽"：

> 在这里，也许与在许多有关情况下一样，有一种可称为体验的胚芽的东西：一种将逐渐地成长为完整的解释的心象或感觉。可以说，它是一种逻辑的胚芽，是某种必定会按照逻辑的必然性成长为如此的东西。我在某个特殊的场合忽然想起某个人，这是怎么发生的呢？首先，我在心中看见一些图像，或许只是一些灰色的头发。然后我说我在心中看见了N（但这个名字也可能是许多人都具有的）。不过，我解释说，我所说的是这个N，他如何如何。而且，我不是从心象中读出这个名字，我也不是其后以如此这般的方式解释这个名字。因为，如果有人问我是否后来才决定谁有这种灰色的头发和名字N，那我会做出否定的回答，并说我一开始就知道这一点。"我一开始就知道这一点"，这其实只是意味着：我不是从图像中读出这个名字，因为我压根没想过"谁有这种灰色头发""谁看起来像这个"等这类问题，我也没有对自己说"让N这个名字代表这个人"。可以说，我变得越来越明

白了。可是这种逻辑胚芽的观念来自何处呢？这其实就是说，"这一切从一开始就在那里，并包含在头一个体验之中"这个观念来自何处？这是否和詹姆斯关于在说出一个句子时已经有了想法的论断一样，具有相似的根据？这是把意图当作体验加以处理。（LWi:§843）

在此，维特根斯坦意在揭示一个人们容易坠入的根本幻觉："在我们应当将诸事实看成'原初现象'的地方去寻找一种解释"（PI:§654）。假设在某一刻我想起了一个久违的名字，通常情况下，我并不是通过记起一些曾经有意识地说出它的确定时刻，或者通过对我"原本就要使用到的语词的一种有意义的排演"[1]，或者通过回忆那时脑子里正在发生的意识过程并解释那时拥有的思想状态来实现这一点的。事实上，在那些借以对某种内在状态的内省式观察来进行解释的地方，实际发生的情形只不过是人们在玩某个语言游戏。这里所牵涉的，"并不是经由我们的体验来对一个语言游戏进行解释，而是对一个语言游戏的确定"（PI:§654）。

比如，当我记起"N"这个名字时，或许我心中会浮现出一幅图像（一幅有关我如何看着他这样的图像），但是，并不能由此推出我是基于一个特定的心象才最终到达了"N"这个逻辑终点。实际上，这些图像仅仅是类似于一个故事的插图那样的东西，"在大多数情况下，仅从这样的插图还根本推断不出任何东西，只有当人们了解了这个故事后，人们才知道这幅图像应当是怎么一回

---

1. W. Child, *Wittgenstein*, London and New York: Routledge, 2011, p.219.

事"（PI:§663）。维特根斯坦敦促我们看清，对于"煞费苦心地找词儿""努力想起一个名字""话到嘴边欲言又止""尝试描述一段音乐""接续之前打断的谈话"等这些现象的理解均不涉及向某种内在状态的推定与还原，而是一种源自"语言游戏的确定"。就心理概念的语义确证而言，诸如"知道""想起""理解""回忆""欲图""期许"等这些表述并不与印象或感觉直接相连，而是更多地靠近我们意志活动的运行方式：

> 正常情况下，当我写字、行走、吃东西、左顾右盼时，我并没有努力去完成这些动作，正如我并没有努力使自己觉得很熟悉一张老朋友的脸一样。然而，试图、力图做出决定等都是一些意志活动，它们是一直展示自身的方式，当我们谈论意志时，它们就是我们所想到的那些东西。（LWi:§848）

这一有关意识与经验之间的内省式还原论模型同样渗透在詹姆斯对"情绪"的解释中。[1] 豪克将詹姆斯的基本主张概括如下："情绪即感觉，某种特定的情绪无外乎是机体或器官变化的结果，是对于构成此情绪要素的一种'表达'"[2]。在《心理学原理》中，

---

1. W. James, *Collected Essays and Reviews*, New York: Longmans, Green and Co., 1920. 另外，一份关于维特根斯坦哲学视角下对"情绪"问题新近讨论参见 Y. Gustafsson, C. Kronqvist, M. McEachrane eds., *Emotions and Understanding: Wittgensteinian Perspectives*, Palgrave Macmillan, 2009。
2. M. Hark, *Beyond the Inner and the Outer: Wittgenstein's Philosophy of Psychology*, Dordrecht/Boston/London: Kluwer Academic Publishers, 1990, p.213.

詹姆斯对此做了如下刻画：

> 我的理论在于如下一点：机体的变化直接导致了对这种刺激事实的感知，而对于如此这般相同变化的体验就是情绪。常识告诉我们，丢失财物会让我们悲伤哭泣；碰到一头熊，我们会害怕逃跑；遭到对手的侮辱时，我们会愤怒反击。在此，我所捍卫的一个主张是，这些描述搞错了顺序，一种心理状态并不能立即由其他状态所引发，一种机体的显现必先介入其中，由此更合理的说法应该是：我们因为哭泣而悲伤，因为反击而愤怒，因为战栗而恐惧，而并非因为悲伤、愤怒或恐惧而使我们哭泣、反击或战栗。[1]

显然，詹姆斯在此似乎推荐一种还原论的物理主义解释模型。该解释假定，特定的情绪最终可还原为某些机体要素的构成，反过来，发生在机体上的某个体验最终汇聚为一种特定的情绪样态。也就是说，只有对某个事件的感知造成一定的机体反应，一种作为这种反应的表达才能获得一个相关的情绪样态。詹姆斯由此强调这种机体反应的优先性。在他看来，如果对那种机体反应的事件不断地加以提纯（比如急促的呼吸、颤抖的双手、滚烫的面颊等），那么在这些情绪中除了"一种认为某个事件是不幸的（或反之）这样的冰冷无情的认知"外，就什么也不会剩下，而这种所

---

1. W. James, *The Principles of Psychology* Vol.2, New York: Dover Publications, 1950, p.449.

谓纯粹的、与身体分离的情绪根本而言无非是一些虚无缥缈的东西。人们不能想到一种情感或情绪，而不同时想到某些与之对应的身体感受，如果人们想象后者不存在，那么他们就会发现这也否定了情绪本身的存在。维特根斯坦试图通过"想象悲伤"这样的情形来考察詹姆斯的上述主张：

> 我想象自己很悲伤，同时我试图感觉到自己很快乐。为此我深呼吸，并模仿出一副喜气洋洋的面容。此时，我无论如何也无法想象悲伤了，因为想象悲伤就意味着扮演悲伤。可是，不能由此得出，我们此时在身体中感觉到的东西是悲伤或者相似的东西。（RPPii:§321）

"情绪即体验"，这个等式构成詹姆斯情绪理论的基石。在很多情形下，我们的确可以通过诉诸肢体反应、面部表情、语气声调等表达方式来辨别、判断某人当下所处的心理状态或情绪状态。维特根斯坦同样认可这一点，"快乐往往伴随着身体的舒适，而悲伤往往伴随着难受"（RPPii:§322）。舒尔特据此强调这种方式的重要性[1]，认为这些身体表达"不仅仅是我们借以识别他人情绪的唯一基础，而且它们通常比语言来得更加可靠"[2]。但是，诚如维氏所

---

1. 豪克认为，较之后期，维特根斯坦在早期阶段对这种"詹姆斯–荣格"心理学理论（尤其那种感觉经验的重要性观念）抱有极大的同情。参见 M. Hark, *Beyond the Inner and the Outer: Wittgenstein's Philosophy of Psychology*, 1990, p.215。
2. J. Schulte, *Experience and Expression: Wittgenstein's Philosophy of Psychology*, Oxford: Clarendon Press, 1995, p.122.

言，即便如此，我们也不能将情绪等同于感觉，詹姆斯对心理概念的过度概括忽视了一些至关重要的语法差异，后者渗透在"情绪""感觉"的日常使用中，并且呈现出一个复杂的语法谱系：

> 各种情绪，它们的共同点是：真正的持续状态，过程（愤怒爆发了、缓和了、消失了；喜悦、消沉、恐惧同样如此）。与感觉的区别：情绪不是局部性的（也不是散乱的）。共同之处：它们具有一种颇具特色的表达行为（面部表情）。由此可推出，也有一些颇具特色的感觉。比如，悲伤往往与哭泣同时发生，并且与哭泣一道还有一些颇具特色的感觉（含着眼泪的哭声）。然而，这些感觉不是情绪（正如号码2不是数字2）。各种情绪中可以区分出有针对性的和没有针对性的。对某种东西的恐惧，为某件事情而喜悦。这种东西是情绪的对象而不是情绪的原因。"我害怕"这种语言游戏已经包含对象。可以把焦虑称为无针对性的恐惧，只要焦虑的表现与恐惧的表现是相关联的。情绪的内容：在其中，人们想象某种与图画相似的东西（一个人在消沉时，觉得一团黑云向他压下来；愤怒的火焰）。也可以把人的面部称为一幅那样的图画，激情的过程是通过面部表情的变化来表达的。与感觉的区别：情绪没有向我们报道外部世界的信息（语法评论）。可以把爱和恨称为情绪倾向，在一定意义上也可以这么称呼恐惧。感到一种急剧的恐惧，这是一回事；"长期地"害怕某人，这是另一回事。不过，恐惧不是一种感觉。"令人

恐怖的恐惧": 它是不是一种令人如此恐怖的感觉呢? 一方面是疼痛的典型原因; 另一方面是消沉、悲伤、喜悦的典型原因。这些情绪的原因同时是它们的对象。疼痛的行为和悲伤的行为: 只能与它们的外部诱因一道来描述它们。(当母亲把儿童单独留下时,儿童可能因悲伤而哭泣; 当儿童跌倒时, 儿童因疼痛而哭泣。) 行为和诱因的种类组成一个整体。(RPPii:§148)

在这一有关"情绪""经验""感觉"等心理语汇的语法综观表明了维特根斯坦思考心理问题的一些关键方面。首先,情绪(烦躁)不同于感觉(牙疼),是无法被局部定位的。维特根斯坦指出,我们通常身处某种情绪状态却并没有什么特定的身体感觉。比如我们的确可以在一个正在模仿悲伤的人的脸上辨识出某种特有的紧张感,但是"由于一个悲伤的电影情节而流泪时,并不会意识到此刻自己的面容"(RPPi:§925)。即使出现一些身体反应,我们也不能将之等同于这种情绪本身。假如"友人的去世或康复都使我们同样的悲伤或欢乐,那么这种行为的方式就不是我们称之为欢乐或悲伤的那种东西"(RPPii:§321)。在实际生活中,情绪的意义与"一种关于自然反应、信念表达、自发性、宽容或排斥的样式紧密相连,而这些样式并不包含突然的中断"[1],悲伤的人不可能发自肺腑地欢笑。詹姆斯的错误在于,在模仿(或假装)一

---

[1]. M. Hark, *Beyond the Inner and the Outer: Wittgenstein's Philosophy of Psychology*, Dordrecht/Boston/London: Kluwer Academic Publishers, 1990, p.216.

种情绪时，一些真实的情绪并不会随之消失。事实上，表面上冲突的两种情绪很有可能起到彼此强化的作用，比如在放声大笑中，一种无可奈何的悲伤来得更加剧烈。维特根斯坦进而指出，这一无法定位的特性意味着情绪的意义并不依赖于其他机体反应或心理事项。即便可以准确定位某人在快乐时出现的某种感觉（比如快乐的时候在眼圈或嘴角产生的特定感觉），但是快乐本身却无法定位，它"无关乎内部心灵或外部感觉"（Z:§487）。

其次，情绪总是涉及特定的对象，感觉则不是。"如果在某种意义上需要定位情绪，那么也不应该定位于心灵或身体，而是应当考虑情绪的对象。"[1] 比如，当某人感到懊悔的时候，"如果想要找到一个与疼痛类似的位置，那么这个位置当然不是心灵，而是那个使人懊悔的对象"（Z:§511）。这里涉及维特根斯坦思考情绪的关键：一方面，他强调情绪的对象并不是产生情绪的原因；另一方面，他又将情绪区分为"有针对性的"（directed）和"无针对性的"（undirected）。

毫无疑问，维特根斯坦并不反对存在导致特定情绪的原因及其科学机制（比如有关悲伤的神经生物学机理），他所关注的是詹姆斯的还原论主张与一种有关"内在-外在"的解释框架之间的深层交互。实际上，詹姆斯的情绪理论暗含着一个与他的（关系）感觉理论相似的主张：情绪概念是联结某种内在心灵状态与外部机体反应的中转站。维特根斯坦指出，该观念背后是一种基于

---

1. M. Hark, *Beyond the Inner and the Outer: Wittgenstein's Philosophy of Psychology*, Dordrecht/Boston/London: Kluwer Academic Publishers, 1990, p.216.

"内在-外在"框架寻求因果解释的根深蒂固的理智诱惑。在他看来,情绪现象的内在特征实际上应当着眼于一种内在的概念联系:

> 情绪概念与它所针对的对象内在地相连。如果这种联系是内在的,那么也就肯定了如下一点,即对于某种情绪的描述也是对情绪对象(而非原因)的描述。换言之,我们无法说一个人快乐但却不知道使他快乐的对象是什么……这不是对因果解释的拒斥,而仅仅是力图表明,原因并不是构成那些情绪语言游戏的要素。事实上,我完全可以在不提及悲伤对象的情况下解释导致哭泣的原因。[1]

显然,詹姆斯所谓的"情绪即感觉"同时假定了另一个等式:"对象即原因"。维特根斯坦指出,引起某种情绪的原因并不一定是该情绪的对象,并且这种原因也无关乎具体的情绪游戏的实际运行,"人们悲伤流泪,但流泪并不是为之悲伤的东西"[2]。由此,维特根斯坦着眼于"内在-外在"这一观念框架,将詹姆斯着力构造某种因果解释模型的理论意图拉回到关于心理概念的语法特性及其实际运行方式的"综览式的呈现",这点构成了维特根斯坦思考"内在性"问题的一个关键线索。

关于情绪概念的第三个要点在于,"情绪没有报道外部世界的

---

1. M. Hark, *Beyond the Inner and the Outer: Wittgenstein's Philosophy of Psychology*, Dordrecht/Boston/London: Kluwer Academic Publishers, 1990, p.217.
2. Ibid., p.219.

信息"。前述对詹姆斯情绪理论的批评面临一种可能的质疑：对于那些"有针对性的"情绪的确可以说"情绪包含一个对象"，但是对于那些"无针对性的"情绪又将如何？比如，我总是感到焦虑或者畏惧，但是我并不明确究竟在焦虑或畏惧什么。在和魏斯曼的一次谈话中，维特根斯坦在谈到"焦虑""畏惧"("Angst")这样的情绪概念时明确考虑到了它们在存在主义哲学著作中的那些特殊使用。[1] 在他看来，将诸如"畏惧"这样的情绪归为"无针对性的"，并不意味着它们没有对象，而是其对象"难以定形"(indefinable)。莫可言喻的孤独、难以名状的焦虑、突兀而至的恐惧，很难识别那种使我们感到如此这般的东西究竟是什么，其中融合了大量复杂的运作，比如抑制、并置、嫁接、寄生、拼接、切割、撷取、拢集、变换、复制、变形等。但是，我们仍然将其视为一种对象，只是它不再固定，难以识别。肯尼（A. Kenny）甚至主张，即使在那些涉及"Angst"的情形中，我们仍然可以坚持，"它们只是寄生在情绪上，植根于那些包含对象的畏惧情形"[2]。也许正是受到海德格尔等人的启发，维特根斯坦认为情绪总是以某种复杂而深刻的方式牵连着外部世界，情绪导向对象，无论实在与否、固定与否。因此，诚如豪克所言，"维特根斯坦在这里实际上更靠近海德格尔和萨特，而非詹姆斯"[3]。

---

1. 根据魏斯曼的记录，维特根斯坦在和他的谈话中明确谈到了海德格尔的思想，参见 F. Waismann and B. McGuinness eds., *Ludwig Wittgenstein and the Vienna Circle*, Oxford: Blackwell, 1979, pp.67–68。
2. A. Kenny, *Action, Emotion and Will*, London: Routledge and Kegan Paul, 1963, p.61.
3. M. Hark, *Beyond the Inner and the Outer: Wittgenstein's Philosophy of Psychology*, Dordrecht/Boston/London: Kluwer Academic Publishers, 1990, p.220.

对象的多样性与复杂性标示情绪本身的多重特征，这点与《哲学研究》的反本质主义立场遥相呼应。显然，詹姆斯有关"情绪即感觉"的观点在两个不同的心理语汇之间植入了一种同构化运作，借此将那些隶属情绪范畴的事项保真地还原为属于感觉范畴的事项。

不过，维特根斯坦同样反对与这种观点相反的如下立场，即主张在情绪与感觉之间存在一种本质性的差异。维氏指出，"情绪隶属于一种由原因、表达、行动构成的复杂集团"[1]，情绪与感觉在一种多重的语法联动中合力构成了一个复杂的心理谱系。我们看到，诸如"疼痛""冷热"这样的感觉更多地依赖一个引起疼痛的原因，因此是可局部定位的，具有一定的程度差异，并且具有一定的可介性；而诸如"悲伤""快乐"这样的简单情绪则更靠近表达的领域，它是不可定位的，通常体现为一定的过程性和不可测度性，并且在一定意义上可控或可介；还有另外一些更加复杂的情绪则几乎趋近于行动本身，它们涉及主体的意志和倾向，通常情况下并不体现为过程性，是绝对不可介和不可测度的。

维特根斯坦将这种较复杂的情绪称为"情绪倾向"（Gemützdisposition），并且给出了一个显著的案例："爱"与"恨"。"爱情不是感觉，爱情需要考验，疼痛则不需要"（RPPii:§959）。爱恨情仇，似乎只能在一种很微弱的意义上将它们归于一种情绪概念，事实上它们已临近概念界定的极限而更为诉诸实在的行动，持久

---

1. M. Hark, *Beyond the Inner and the Outer: Wittgenstein's Philosophy of Psychology*, Dordrecht/Boston/London: Kluwer Academic Publishers, 1990, p.220.

的检验、真实的意愿等。我们可以诉诸一种自然的表达行为来判断某人是否"真的"害怕,但是爱情则不行,无微不至的关怀并不一定意味着真爱。根本而言,爱不是一种意识状态,无关乎感觉或表达,而是一种坚实的倾向与行动。

从上述针对心理概念的语法综观中显示出,以"情绪"为焦点的一类概念"星丛"呈现出一个复杂的心理概念谱系(感觉与思想分别构成其两级),并且在很大程度上有赖于一种"内在性"的情境规范。维特根斯坦一方面力图澄清"内在-外在"框架在詹姆斯等人的内省还原论解释模型中所发挥的关键作用;另一方面,他承认对于内在性领域的识别在情绪语汇的实际运行中占有重要的语法分量。他促使我们看清,心理概念的语义确证与它们具体复杂的实际使用密切相关。(RPPi:§836)更进一步,维特根斯坦注意到,存在一类特殊的心理活动,它们以颇为显著的方式呈现出心理概念的语法谱系以及包含其中的复杂多重的语法联系。维特根斯坦将这种特殊的心理活动称为"面相感知"(aspect perception)。我们看到,面相感知问题牵连着两个重要的语境:一方面,它涉及对于"视觉"经验的语法考察;另一方面,则涉及对柯勒(Wolfgang Kohler)的格式塔心理学理论的批评性讨论。[1]

---

[1] 1947年夏,维特根斯坦迎来了其剑桥教授生涯的最后一个学期。其间,他开始大量地讨论柯勒的格式塔心理学理论,并且一直延续至此后两年。从1947年7月12日至8月3日的手稿中可以看出,他在这段时间潜心阅读了柯勒的《格式塔心理学》(1929)。尤其是柯勒对于视觉经验的处理极大地激发了维特根斯坦的兴趣。此外,维特根斯坦言及柯勒还涉及两个重要的背景:一是柯勒对于歌德(Johann Wolfgang von Goethe)的形态学研究(包括植物、颜色以及动物)策略的积极接续;二是柯勒对行为主义心理学以及以冯特(Wilhelm Wundt)为代表的内省主义心理学理论的批评。参见 R. Monk, *Wittgenstein: The Duty of Genius*, London: Jonatham Cape, 1990, pp.508-515。

4. "面相感知"

视觉经验在维特根斯坦的"感觉-心理"哲学中拥有至关重要的地位,而对于"面相感知"的思考表明了这些主题在20世纪40年代心理哲学视域下的拓展和深化。在这一时期大量的文本材料中可以发现,有关视觉经验及其心理内涵的分析被赋予了一定的优先性。在这些讨论中,维特根斯坦的思考有别于传统哲学的一个显著特征在于,他旨在"通过与那些围绕面相感知的形形色色的问题相连或对峙来讨论我们的视觉或日常观看,这样做的一个可能的理由在于,维特根斯坦借以与一组本身包含大量争论的问题进行比照从而试图打破日常视觉的那些习见"[1]。在《哲学研究》的"第二部分",维特根斯坦集中讨论了"看"的用法,并借此延伸到"看到面相"(seeing aspects)这一特殊的感知经验:

> "看"这个词的两种用法。一种用法是:"你在那儿看见了什么?""我看见这个"(接着是一段描述、一幅图画、一个复制品)。另一种用法是:"我在那两张脸上看到一种相似性。"听我说话的人也可能像我自己一样正在清楚地看着这两张脸。这里的重要之处就在于:看的这两种"对象"在范畴上的区别。一个人也许能把这张脸惟妙惟肖地描绘出来,另一个人则在这幅画中觉察出前一个人没有看到的相似之处。我端详一张脸,忽然注意到它和另一张脸的相似之处。我明

---

[1] J. Schulte, *Experience and Expression: Wittgenstein's Philosophy of Psychology*, 1995, p.75.

白这张画并没有发生变化,但我看得却不一样了。我把这种经验称作"注意到一个面相"。(PI:ii-xi, §193)

在传统经验论及其内省主义解释模型中,视觉经验的心理面相密切关联于感知主体的意识状态。众所周知,洛克和贝克莱主张,感官"只能捕捉对象的形状与颜色,理智则负责其他一切视觉面相"[1],休谟则从经验中区分了"观念"(ideas)和"印象"(impressions),并且将"心象"(mental images)视作一般印象的模型,观念则是这种印象的复本。根据这种传统经验论的观点,以视觉领域为代表的感觉印象就被视作一种内在体验的"范型"[2],而"意识"概念就被理解为一个"由印象充满的空间"(RPPi:§720)。舒尔特由此形象地将这种内省主义视域下的视觉解释称为一种"马赛克理论"[3](mosaic theory)。简言之,所谓视觉印象无非是一种随附于感觉予料的"马赛克",而主体真正直接感知到的只是这些感觉予料本身。显然,这种马赛克理论明显有悖于一些惯常的感知情形。比如,对于一段乐曲旋律,尽管我们可以用完全不同的音调和乐器来演奏,但我们很容易能辨识出它们是同一段旋律。进一步,在"面相感知"的情形中,这种内省主义解释从更深层面上遭到了柯勒的格式塔心理学的激烈批评。

---

1. M. Hark, *Beyond the Inner and the Outer: Wittgenstein's Philosophy of Psychology*, Dordrecht/Boston/London: Kluwer Academic Publishers, 1990, p.220.
2. P. Johnston, *Wittgenstein: Rethinking the Inner*, London and New York: Routledge, 1993, p.34.
3. J. Schulte, *Experience and Expression: Wittgenstein's Philosophy of Psychology*, 1995, p.80.

以著名的"鸭兔头"（RPPi;§70）为例。按照内省主义和感觉予料理论的观点，在将一幅图画一会儿看作鸭头一会儿看作兔头的过程中，视觉体验并没有发生变化，它们的差异源于以不同方式来表达同一种视觉体验。换言之，这是一种"理解和解释方式的不同"[1]，因而也是一种基于不同想象的"理智变更"（intellectual change）[2]。对此，柯勒持有不同的看法，"格式塔心理学"的基本意图之一就是从根本上拒斥这种传统的感知理论。柯勒认为，将同一幅画面"看作"不同的头像实际上牵扯到一种有关感知经验的根本分殊：

> 根据格式塔心理学，要厘清感知理论中那些间接解释所带来的混乱，就必须假定，我们所感知到的东西并非仅仅是一些单纯感觉予料的集合，它们一开始就受到一个整体的、处于一定范围内的、并非固置的（transportability）对象的形塑，因此，它同时提供了在崭新的，特殊的，或者变形了的语境下予以识别的可能性。简言之，我们直接感知到的不是刺激产生的感觉予料，而是一组相互分离的对象整合而成的组块。[3]

---

1. W. Child, *Wittgenstein*, London and New York: Routledge, 2011, p.222.
2. M. Hark, *Beyond the Inner and the Outer: Wittgenstein's Philosophy of Psychology*, Dordrecht/Boston/London: Kluwer Academic Publishers, 1990, p.173.
3. J. Schulte, *Experience and Expression: Wittgenstein's Philosophy of Psychology*, 1995, pp.80–81.

按照格式塔心理学的基本观点，视觉经验本质上是一种被组织和整合的结果，因此面相转换是一种运作在视觉领域中的"组织变化"（change of organization）。一个特定视觉经验的产生并不是一系列视觉预料的简单拢集，而是特定区域的内容被归属到特定的单元中，这种特定领域中的组织是一个感觉事实，而不是某种单纯的心理联想或理智变化。柯勒由此反对将这种感觉事实视为一种心理实在，作为视觉经验的组织单元，它们先于一切有关它们的认知塑造。比如，我看到傍晚窗外的红色圣约翰教堂，建筑、红色、高度、视窗、距离、阴影、光线等单元通过视觉功能在特定的环境中被组织为一幅特定的图像，随着它们逐渐进入视觉领域，关于它的意义和理解也伴随着这一原始的组织过程在一个整体的组块中得到了呈现和表达。因此，关于图像意义的理解"并非源于某种先天的联想，相反，联想本身源于一种先天的组织"[1]。柯勒由此指出，面相转换是一种发生在视觉领域中的较之形状与颜色更加根本的组织变化，是一种感觉事实向另一种感觉事实的转化。关于这点，可以设想这样一个典型案例：聚精会神地注视着面前的一幅猜谜图，突然从中发现了谜底！（比如第一眼看上去是一些错乱的线条，尔后发现它们其实构成了一个人的轮廓。）在这个过程中，我的视觉印象发生了变化，于是我认识到它不仅有形状和颜色，还是"一种十分特殊的组织"（PI:ii-xi, §193）。

针对柯勒的这种观点，维特根斯坦提出了如下诊断："组织以

---

1. M. Hark, *Beyond the Inner and the Outer: Wittgenstein's Philosophy of Psychology*, Dordrecht/Boston/London: Kluwer Academic Publishers, 1990, p.174.

及其他面相性质并不是,而且也不能以与形状和颜色相同的方式被内置于经验的特征当中"[1]。在格式塔心理学解释中,面相(及其组织)的转换是一种发生在经验内部的实质变化,同一幅图像呈现出不同面相,实际上是以全新的方式来组织特定的视觉印象。维特根斯坦质疑这点,"谁把视觉印象的'组织'和颜色形状并列在一起,那么他从一开始就把视觉当作某种内部对象了。由此他自然把这个对象弄成了幻影,一种稀奇古怪地摇来摆去的结构。因为它和图画的相似之处现在被扰乱了"(PI·ii-xi, §196)。在维氏看来,尽管柯勒批评感觉予料理论满足于一种原子主义式的简化策略,但他实际上并没有从根本上摆脱内省主义与印象主义的解释困境。在一定程度上,柯勒仍然将那种原初组织和印象组块视为视觉经验的一个内在的本质特征,这种内在本性决定了一些如此这般的视觉印象必然以如此这般的方式(而不是以其他的方式)被组织起来。由此,维特根斯坦指出,关于视觉经验的格式塔理论本质上密切关联于一种有关图像的解释迷误:

> 如果某人说,形状、颜色、组织、表情的确都显然是直接的所见之物(我的视觉对象)的特征,那他是以图像作为他的见解的依据。因为,如果某人"承认"所有这一切都是他的直接的视觉对象的特征,那他告诉我们什么呢?例如,如果他对另一个人说"在我看来也是那样",那我能从其中得出什么结论呢?(如果这种完全一致是以误解为依据,那会怎

---

1. W. Child, *Wittgenstein*, London and New York: Routledge, 2011, p.224.

样呢?)(RPPi:§1107)

这种图像论假定,视觉印象类似一个不同于普通图画的特殊图像,它包含着特定的组织方式与意义指归。"鸭兔头"作为一幅普通图画,可以以不同的方式观看,但是当它被"看作"鸭图(或兔图)时,它就在视觉经验中被组织定型为一个确定的面相,因此一个面相就意味着一个特定的组织方式、一种既定的解释可能、一次有效的语义赋值。基于此,维特根斯坦指出格式塔理论包含两个关键的假设:其一,假定"看到一个面相"的现象必定落于如下两种范畴之一,即要么是"经验性的",要么是"认知性的";其二,假定在任何情况下都存在一个有关如下要点的决定性事实,即任何一种给定的现象都是经验性的。进一步,这个观察促使维特根斯坦聚焦于格式塔理论在面相感知问题上的两个重要特征:一方面,格式塔理论对于面相感知的解释深度依赖"组织"这一核心的本体论承诺;另一方面,对于面相感知的"感觉-思想"之双重性的特定解释导致格式塔理论不可避免地坠入某种概念迷误和语法混淆。

在格式塔理论中,"组织"概念扮演着至关重要的角色。按照维特根斯坦的观察,就"组织"的一般用法"与'共属'(Zusammengehörigkeit)这个概念相互协调"(RPPi:§1113),它通常意味着对事情进行安排:或巡视一件事情发现其中的道理,或通过一套系统或规则描述一个事项。但是柯勒认为,"组织"除了这种单纯的安排、分离、组合、挤压、突出等操作外,在观看面相或图像时还拥有一种特殊的功能:"我可以在一幅图画的复制过程中把某种特殊的活动、某种特殊的属性称为'组合起来'。在这种场合下,我可以说某人在通过图画进行再现时,或者进行描述时,把这个图形组合成这样,把那个图形组合成那样"(RPPi:§1114)。格式塔理论假定,这种关于图画的复制可以进一步内化为一种"仅仅借助于集中注意力"就可以实现的组织过程。对此,维特根斯坦质疑道:

> 格式塔心理学能否对那些被引入无组织的视觉图像之中的各种组织进行分类?它能否一劳永逸地画出各种可能的、能够唤起我们的神经系统的可塑性的变体的种类?在那个变体系统中,当我们把一个点看作一只瞧向这个方向的眼睛时,这种面相是合适的吗?(RPPi:§1116)

这里,格式塔理论在一个特殊的视角下似乎契合于维特根斯坦的相关思考:在我们说出"窗外的一座红色教堂"时就已经在表达一种视觉经验,而不是先要辨识一系列关于形状、大小、颜色等的内在心象。换言之,"在感知表达中似乎已经映照出了相关对象的概念,这点似乎暗示着概念乃是感知的一个决定性的组成部分"[1]。但是,在一种对于"组织"的格式塔式的解释中,上述观察面临一种类似于感觉予料理论的教条化风险。

---

[1] P. Johnston, *Wittgenstein: Rethinking the Inner*, London and New York: Routledge, 1993, p.240.

如前所述，格式塔理论假定对于视觉印象的组织本身就隶属视觉经验的内在本质。维特根斯坦指出，这种观点既含糊不清也令人费解，因为"如果组织被赋予与形状、颜色同等的属性，那么它也应该是可感的，在面相转换中，不仅形状与颜色保持不变，而且组织也应当是恒定的"[1]。由此更进一步推出，如果对印象的组织是可感的、同时又不同于物理对象的那种视觉性质，那么人们就会倾向于认为，组织是某种内在对象的性质，事实上即将"组织"等同于视觉感知本身。维特根斯坦指出，格式塔理论混淆了视觉经验的组织功能与视觉对象的物理外观之间的语法差异，从而导致了如下双重迷误：对"组织""面相""图像"等这类概念的语法误置与对"内在-外在"这一概念框架的理论化误用。他强调，事实上，对于视觉经验的表达方式是多种多样的，而在一些特定的情形中可把"组织"视为某种"事物"（比如在介绍企业的组织架构或描述大脑的神经组织模式时），但同时应注意到，"组织"也拥有一个更加广泛的语用谱系：

> 当我对某人说"把这些线条组织起来"，他会做什么呢？他会按不同的方式做不同的事情。也许，他应当成双地数它们，或者把它们放到一个盒子里，或者注视着它们等。……"把这些东西组织起来"，这意味着什么？也许是"把它们排列起来"，也可能意味着，把秩序引入它们之中，或者还是你

---

1. M. Hark, *Beyond the Inner and the Outer: Wittgenstein's Philosophy of Psychology*, Dordrecht/Boston/London: Kluwer Academic Publishers, 1990, p.176.

学会熟悉它们，学会描述它们，学会借助于一个线条、一种规则来描述它们。（RPPi:§1120; §1122）

维特根斯坦承认在面相感知中，"组织"概念的确发挥着重要的作用。他想要强调的是，格式塔理论在将"看到一个面相"与相应的语义认知结合起来时便赋予面相本身一种形式化的统一性，即所谓的"概念面相"（conceptual aspects）。更进一步，由于概念面相显著地表明"看作"（seeing-as）的语法逻辑紧密地牵连着"思想"和"解释"，于是就可以顺理成章地剪掉概念的其他复杂的枝蔓，从而将"看作"还原为"看"。这里，维特根斯坦揭示出包含在格式塔理论中的一个基本信念，即面相感知是一种"看"和"想"的双重运作：

> 我遇见一个多年未见的人；我看他看得清清楚楚，但没有认出他来。我忽然认出他来，在他已经改变了的面孔上认出了他从前的面孔。我相信我如果会画像的话现在就会把他画得跟以前不同。我在人群里认出一个熟人，也许我已经朝他那个方向看了好半天了——这是一种特殊的看吗？既是看又是想？或看和想的融合？问题就在于：人们为什么会这么说。（PI:ii-xi, §197）

"认出一张熟悉的脸"，这一过程究竟发生了什么？人们倾向于认为，这里似乎牵扯到一种特殊的"看"，"认出"并不是单纯地在看或者单纯地在想,也不是一种同步进行的既看又想,而是某种"看"和"想"的"融合"(Verschmelzung)。维特根斯坦指出,这个想法实际上假定了,要想理解一个心理现象,就必须依赖"经验-思想"这个框架,所谓"融合"无非是一种理论构造的变形,旨在在"经验-思想"框架下解释诸如"看到面相"的本质。柯勒将此框架视作面相感知获取认知属性的基石,"如果人们不能把某个东西看作(sehen)这个或者那个,那么他们就不能把那个东西认作(halten)这个或者那个"(RPPi:§977)。维特根斯坦对此提出了如下质疑:

> 是否孩童在学会把某个东西认作这个或那个之前,就开始把这个东西看作这个或那个?是否孩童首先学会"你是怎样看这个的"这个问题,然后才学会回答"这是什么"这个问题?人们是否可以说,为了能够把一把椅子识别为一件东西,孩童必须能够在视觉上把一把椅子理解为一个整体?是否在我的视觉上把那把椅子理解为一件东西?我的哪种反应表现出这一点呢?一个人的哪一种反应表明他把某种东西识别为另一种东西,哪一种反应表明他把某种东西看作一个像东西那样的整体?(RPPi:§977; §978)

某种意义上,"经验-思想"的二分法是"内在-外在"这一概念框架的变形,它们被用来确保一种"对所见之物的完备描述"(RPPi:§984),并以此来解释这样的情形:当注意到一个新的面相时视觉印象并未发生改变。在面相转换中，稳定持存的视觉印象诱使人们将"看作"还原为一种"想"，并假定每一种关于面相的特定描述都指归于一种直接的、完备的解释确证。维特根斯坦承认，"看作"与"想""理解""组织"等概念的确具有重要的语义关联，"'看出一种面相'与'想象某种东西'是两个相互联系的概念"（RPPii:§543），突然认出一张面孔时可能伴随着一些联想，因为"想象可能有助于认识"（RPPii:§542），但是，这并不意味着面相感知本质上属于经验与思想的特殊熔炼。维氏指出，在"注意一个面相"的情形中，实际上既牵涉大量相互关联的现象和表达，也是感知主体在"学会描述所看见的东西，学会各种可能的语言游戏"（RPPi:§980）。视觉现象的多样性表明了存在多重复杂的可能描述，问题并不在于人们何以能够描述特定的视觉经验，而在于人们把"各种大不相同的东西称为'对所看见的东西的描述'"（RPPi:§981）。由此，内省主义和格式塔理论的一个"根本上的失败"[1]就在于，它们在一种简单化的扭曲视角下将一切视觉经验纳入"看"与"想"的二元框架下。

尽管旨趣各异，但无论是詹姆斯的内省主义，还是柯勒的格式塔理论，两者都包含一个共同的意图：诉诸一种内在主义的还原或"内在-外在"概念框架来说明心理语汇的语义确证。换言之，詹姆斯对于关系感觉的基本设想与格式塔心理学对面相感知的相关主张均共享一个"内在性"的本体情境。而如前所述，这一本体承诺构成了维特根斯坦剖析"感觉-心理"经验及其概念规

---

1. W. Child, *Wittgenstein*, London and New York: Routledge, 2011, p.227.

范的核心内容。

诚如前文指出的,詹姆斯在论及"关系感觉"时假定,关系词项("如果")的语义赋值是通过指向一个特定的内在状态、一个"不言而喻的氛围"(RPPi:§335)来实现的。不过,在是否将这种内在性溯源等同于一种准因果的线性推定的问题上,詹姆斯表现出一种犹豫不定的态度。诚如维氏所言,"如果只有这个原因被假定为唤起这种感觉,那么这种情况无论如何肯定是出人意料的,詹姆斯曾自问,在其他场合人们是否也有这种感觉?为什么人们只把这个词具有这种氛围看作如此不言而喻的呢"(RPPi:§335)?实际上,所谓"氛围"一说已经暗示了詹姆斯的如下直觉:关系词项的实际运行深度依赖于某种情境规范。但是,当他进而通过将这种情境规范置于"内在-外在"框架下的一种准因果性视域来加以考量时,便坠入了某种理解迷误:"如果人们把'如果感觉'看作这个词的意义的一个不言而喻的相关物,那么他们就对'如果感觉'的心理学意义作了错误的判断。毋宁说,人们必须在另一种语境中,在它出现于那个特殊环境的语境中去观察它"(RPPi:§331)。

同样的困难体现在有关"面相感知"的心理学解释中。维特根斯坦明确地考虑到面相感知的内在性意蕴,"人们通过注意一个面相从而感知到一种内在联系"(Ms-138:5a)[1]。问题在于究竟如何理解这种"内在联系"?在柯勒那里,尽管他反对将感觉体验的内

---

[1] 此句原文为"Man nimmt durch das Bemerken des Aspekts eine interne Relation wahr",维特根斯坦就如何理解这种"内在联系"似乎流露出一定的犹疑,在这句话的"Relation"之后,他一开始加注了"对象之间"(von Objekten)字样,但是后来他又将之划去了(Ms-138: 5a)。

容还原为一些单纯的印象或马赛克，但他假定，体验最终指向某种以特定方式组织起来的感觉组块，从而导向了一个有关感觉经验的"内容"概念。换言之，我们的种种体验的内容是一种私有物（即感觉予料），一种通过神秘的心灵之眼、精神之耳所直接把握的"对象"，一个"内在的图像"（RPPi:§109）。进而，这种在经验中整体给定的感觉组块或格式塔结构保证了面相感知的一种内在秩序。在对一副面孔的辨识中，特定的组织结构对应特定轮廓的面相，不同面相之间的关联则植根于相应格式塔结构之间的内在联系，这种内在联系源自某种体验之初的原始给予或"直接把握"。因此，在格式塔式的面相感知中，一种有关内在联系的特定观念实际上就被解码为感知内容的内部结构之间的关系，它从根本上被规定为一种对象联系根植其上的"内在状态"（inner state），并且以特定的方式呈现在面相转换的过程中。就其根本而言，这一关于内在环境的本体承诺是格式塔理论审视感知经验的核心基石。

维特根斯坦从根本上拒斥这种内在主义的本体设定。他指出，在面相转换的情形中，所谓的内在联系密切关联于面相感知的相关表达及其语法特性，而那种借助内在环境的本体承诺所假定的某种"实在结构"实际上只不过是一种折射在实际语言游戏中的"语法阴影"[1]。基于此，玛沙（Jakub Mácha）试图将这种内在联系还原为纯粹的概念联系："内在联系并非在对象之间，而在于相

---

1. P. Hacker, *Insight and Illusion: Wittgenstein on Philosophy and the Metaphysics of Experience*, Oxford: Clarendon Press, 1972, pp.145-146.

关表达式所涉及的概念之间，任何有关对象之间内在联系的讨论都必须在对描述对象的相关概念之间的内在联系的讨论中加以理解"[1]。维特根斯坦本人并未明确论及这点，但在对面相联系的澄清中也多少显露出了相似的要点，而这说明关乎在面相转换中所产生的一种同一性或"适合"（fitting）的观念："看到歌德的签名便想起歌德的脸"（RPPi:§336）。维氏拒绝这样一种观念：当某人注意到一个面相的同时在他内心深处启动了某种内省式的指归机制（显然，这点接续了《哲学研究》一开始就致力于批判的那种有关"实指定义"观念背后的心理机制）。看到"歌德"这一签名，就指涉一些有关这位著名诗人的特定心象，这种内省指涉保证了名称与对象的同一性，从而为这一名称及其使用方式提供了确切的意义。由此，词与物之间似乎存在某种特殊的"难以割裂的氛围"（RPPi:§337）。但是，维特根斯坦指出，这种经验与内容、语词与对象之间的适配在我们理解面相感知的过程中并不是一个确定的要素：

> 相互紧密联系的东西被联系起来，它们看起来是彼此适合的。可是，它们是怎样看起来适合的呢？它们怎样表现出它们看起来是适合的呢？也许是这样：我们不能想象那个被如此称呼、看起来是这个样子的人，可能没有写出这些作品，而写出另一些完全不同的作品。（RPPi:§337）

---

[1] J. Mácha, *Wittgenstein on Internal and External Relations*, London: Bloomsbury, 2015, p.182.

在维特根斯坦看来，在面相感知或指称论模型的解释中，上述这种关于"适合"的观念被转换为一种休谟式的心理联想，由此引发了某些根深蒂固的语法混乱。休谟式心理联想本质上是因果性的，因而是一种外在关系，而"适合"这一关系类型则是形式上的，是一种内在联系。然而事实上，我们并不是通过与一种特定的心象或内在状态相关联的方式来理解"维特根斯坦"这个词的。在通常情况下，人们会自然而然地将"亚里士多德"与《尼各马可伦理学》相连，将"柏辽兹"与《幻想交响曲》相连，将"伦勃朗"与《夜巡》相连。但这并非全然是一种心理联想的结果，尽管其中的确可能包含某些联想或者因果关系。名称的语义确证植根于其具体的语用情境，如果试图打破这种情境规约，那么就会面临某种语义失衡的风险。我们能够想象一个画家想画出"在写《第九交响曲》时的贝多芬"，却很难想象他想描述歌德在写《第九交响曲》时的模样，因为在后一种情形下，"我不知道如何才能想象出任何一种不仅十分不协调而且荒谬可笑的样子"（RPPi:§338）。维特根斯坦通过"房间中熟知的家具彼此相适"的例子来说明这一点：

> 瞧你的房间中这个位置上的一件熟知的家具。你可能说，"这是一个机体的一部分"或"如果把它拿出来，它就不再是原来的样子了"等。在此，人们当然认为这一部分与其余部分之间没有因果依赖关系。毋宁说，情况是这样：我可能给

予这个东西一个名称，关于它我也许会说，它被移动了位置，它有一个斑点，它蒙上灰尘等。可是，如果我想使它完全脱离它在目前的种种联系，那我就要说它已不复存在，另一个东西将占据它的位置。是的，人们甚至可能这样感觉："每件东西都是其他每件东西的一部分（内在的和外在的关系）。"把一件东西拿开，它就不再是它原来的那个东西。只有在这个环境中，这张桌子才是这张桌子。每件东西都是其他每件东西的一部分。在此，我们得到了那种不可分割的氛围。（RPPi:§338）

诚如玛沙指出的，维特根斯坦在此揭示了一种经典的"黑格尔主义式"[1]解释模型的运行机理：概念联系的规范性植根于某种内在性的本体环境，其中，语词通过与一种随附于内在环境的实在要素的相连来获得意义，这种实在要素在语词、概念的语义内涵中植入了某种准因果性的关系结构，并且决定了它们的实际运行。按照这种观点，房间中一张熟知的桌子与整个房间处于一种"内在联系"中，它们共同构成了一个"机体"，而这种恒常关联下所确立的"熟知"或亲近性交织在这个机体中并形成一个稳定的秩序结构、一个摆置固定的房间、一种"不可分割的氛围"。简言之，我们无法将单个要素从整体的内在联系中抽离出来加以理解。因此，基于一种整体主义和内在主义的双重塑造，这种"黑

---

1. J. Mácha, *Wittgenstein on Internal and External Relations*, London: Bloomsbury, 2015, pp.186-187.

格尔主义"实际上是一种糅合"歌德-格式塔"式的形态组织观念与"休谟-詹姆斯"式的内省因果模型的复杂变体。

对此,维特根斯坦指出,在我们言及"桌子"的那些实际情形中,一方面,我们并不是基于一种恒常发生的心理联想与亲近性,力图瞄准桌子与特定环境的内在联系来理解该词的,相反,我们理解"桌子"恰恰深度依赖于围绕这个词的复杂多样的日常实践。换言之,我们在使用中理解并不断充盈"桌子"的语义内涵,而不是通过对"桌子"与某种整体秩序之间内在联系的识别来决定它的具体使用;另一方面,维特根斯坦强调,基于一种内在环境的实质秩序("组织""氛围"等)来解释概念联系的规范本性从根本上陷入了一种理论幻象。"每件东西都是其他每件东西的一部分",这个过度概括并未给出任何有效的理解,这点尤其体现在前述基于"组织"或"机体"来解释不同面相与图像本身的关系中。

更进一步,这一基于内在视角对概念联系的讨论触及维特根斯坦思考概念秩序及其规范内涵的核心要旨。他在心理哲学视域下对于概念秩序的思考,一方面承续并"扬弃"了黑格尔主义关于概念本性的哲学方案,这点突出地体现在对内在性领域的重启同时又赋予其全新的内涵;另一方面,这种哲学考察在更深层面上为后实证主义背景下关于规范秩序的哲学想象提供了尤为重要的方法论启示,并且带动了对于概念秩序的因果性内涵与复杂性内涵全新审视。事实上,对于内在秩序的审视构成维特根斯坦概念探究的要务。感知经验的拓展突破了局部的(第一)人称制衡,深入人际环境深处的一般性内在界面，从而开辟和扩展了哲学探究的纵深。同时，经验表达方式的扩展与内在界面的介入引发了概念谱系的横向增殖，这点导致了一种根植于语法失序的智性困局的扩容。对于《哲学研究》的作者而言，自始便面临一个可能的误解：将这种关于智性困局的诊疗还原为一种单纯的心理语法批判。表面上，这一策略的确获得了相关的文本证词，但更重要的是，在心理语法批判之下同时进行着一种精神意志的持续重塑。语法考察即关于这种意志塑造的哲学操练，后者生成和扩展了一种广泛的实践趋向，并且逐渐凝练为一种根植于逻辑与伦理、精神与语用、内在与外在之间张力的自主的反应逻辑，它编制着个体行动与哲学思考的统一性。毫无疑问，"内在性"构成了侦测这一伦理反应的概念试剂。

第二章
经验场及其概念运作

> "背景是生活的一种概念标示的传动器。"
>
> 维特根斯坦[1]

基于"感觉-心理"语汇的语法综观来探究内在经验的秩序特征,这点无疑是维特根斯坦"感觉-心理"哲学的一个重要创举。他揭示出哲学方法论上的一个关键思路,即概念秩序的规范内涵紧密地牵连着语用实践的具体经验。因此,维氏就如何理解概念秩序的规范性这一根本问题提供了重要的探究视角。实际上,从心理哲学的讨论中不难发现,维特根斯坦意在强化这样一种探究策略:一种本体情境的承诺方式决定了相应的秩序想象。宽泛而言,这点在维氏哲学的发展中呈现为以下两个方面:其一,就本体承诺而言,早期《逻辑哲学论》承诺一种作为纯粹"给予"的简单对象(或简单记号)及其构成的逻辑空间,这点在"过渡时期"转换为一种同样纯粹给予的感觉予料及其构成的现象世界,最终在后期《哲学研究》中被复杂多样的日常语言游戏及其交织而成的生活世界所取代;其二,相应地,在秩序想象的角度,由

---

1. Wittgenstein, RPPii, p.625.

从纯粹单义化的逻辑形式逐渐过渡为感知经验中杂多的现象形式，并最终回归到难以尽述、不断重塑的生活形式。

但是，上述思考理路和探究策略的转换并不意味着在维特根斯坦哲学中存在一个实质的线性推进路径。事实上，表面上思考谱系的转化毋宁说是在标示着一种内生的动力学特征，后者呈现为一种旨在平衡逻辑与伦理、哲学与行动、现成性与日常性之间张力的意志征途。纯粹的现成性与纯粹的日常性均面临丧失经验认知及其语用表达的风险，前者坠入逻辑的沉默与孤寂，后者步入行动的静默与无声，可认知性与可理解性均植根于两者间复杂、多重的动态平衡。维特根斯坦的启示在于，这一平衡标示某种显著地呈现在日常生活实践中的概念秩序的规范内涵。因此，对于概念秩序的深度剖析就需要进行如下两个策略调整：一方面，应当突破维特根斯坦"感觉-心理"哲学的局部视野，在一种更为广阔的思想图景中考察诸种观念框架的一般运行；另一方面，这种一般性的方法论探究又在知觉经验的概念表达中拥有一种醒目的解释学地位，因此，知觉经验的语用表达为解析概念规范性内涵提供了一种优质的个案。

正是在此意义上，塞拉斯（A. Sellars）、戴维森（D. Davidson），尤其是麦克道威尔（J. McDowell）等人对维特根斯坦哲学的相关重构提供了一个值得关注的视角。概言之，他们将维特根斯坦关于逻辑与伦理、哲学与行动、现成性与日常性之间规范关系的运思在知觉经验的层面上转译为经验内部某种"接受性"与"自发性"合力运作的双重属性；借助维特根斯坦关于"逻辑空间"的环境识别及其构建模态秩序的方式,在有关经验认知性的思考中重启规范的维度,由此着力揭示出经验认知性的获得根本而言属于一种规范性运作。我们将着重结合麦克道威尔的相关工作来尝试阐明这点。

麦克道威尔重构维特根斯坦哲学的一个特殊之处在于,他将经验及其规范品格拓展至一个接续了亚里士多德的"第二自然"观念的、更广阔的"自然"背景中,由此试图揭示一种立足于"行动摹状"的内在自律,并借此试图为维特根斯坦的哲学治疗给予某种具有准心理分析路径的紧缩论(Deflationism)或寂静论(Quietism)的叙事,后者涉及对一种贯穿于维特根斯坦哲学生命的"沉默伦理"的深层依赖。在某种程度上,这一有关麦克道威尔的个案研究启动了维特根斯坦心理哲学视域下对另外两个重要主题的观照:其一,基于对因果秩序的语法分析,对"客观性"及"确定性"问题给予哲学的检视;其二,基于多元化、开放性以及自我指涉的"复杂性"方法论内涵,对作为日常实践之激进标示的技术实践及其现代性背景予以哲学上的透析。

一、经验的双重性

在 20 世纪所谓"语言转向"的过程中,维特根斯坦毫无疑问占据着一个核心位置。在他的影响下,20 世纪后半叶至今的哲学发展逐渐形成一个基本共识,即对世界的思考和理解密切牵连着关于世界的表达形式。由此,概念分析构成哲学活动得以展开的基石,并且吁求方法论上的系统考量。对此,温奇(P. Winch)给

予了明确的刻画:

> 哲学的议题确实在很大程度上转向了纠正某些语言表述的使用;在很大程度上,阐明一个概念就是指清除语言的混乱。尽管如此,哲学家所关心的并不是一般而言的语言的混乱,而且也不是所有的语言混乱都与哲学有关。仅当对它们的讨论被用来弄清实在在多大程度上是可理解的,以及掌握实在对人的生活会产生怎样的改变时,它们才与哲学有关。所以我们要问,语言问题如何与这些主题有关,以及什么类型的语言问题才可能与这些主题有关。问实在是否可理解就是问思想和实在的关系。人们在考虑思想的性质时,也会考虑语言的性质。因此,实在是否可被理解的问题,系缚于语言如何与实在联系的问题,系缚于"什么是说某物"的问题。事实上,哲学家不是要为自己解决一些特殊的语言混乱而对语言感兴趣的,而是要在整体上解决有关语言性质的混乱。[1]

温奇的观察触及一个关键要点,实在或者世界是在可理解的基础上被纳入与人关联的领域,因此哲学并非旨在"思想-实在""语言-世界"的二分法基础上寻求某种线性指归。表面上,早期《逻辑哲学论》中的相关表述似乎强烈地依赖这些二元框架,但是这一在逻辑与伦理、哲学与行动、人与世界之间寻求内在统

---

1. P. Winch, *The Idea of Social Science and Its Relation to Philosophy*, New York: Humanities Press, 1958, p.11.

一性的基本旨趣始终贯彻在维特根斯坦的整个思想生涯中。在后期的运思中,他以相对明确的方式表明了这种二分法对于我们理解周遭的日常生活世界并不能提供更加优质的视角,恰恰相反,正是这种对于"世界""语言""思想""实在"等概念的简单化处理在某种程度上阻碍着人们以恰当的方式理解当下的生活。维氏指出,我们在对语言的使用中、在形形色色的日常实践中逐渐建立起对所处状况或世界的基本理解,而经验同样也在经验的表达实践中获得了相关的认知品格:"仅当某人能够做某某事、学会了某某事、掌握了某某事时,说他已具有这种经验才有意义"(PI.II xi)。我们在谈话中、在日常的语言实践中,逐渐获得了"一幅关于它们的生命的图画"(PI:ii-xi)。因此,温奇强调一个哲学问题受到语言与世界的双重塑造:

> 在以哲学的方式讨论语言时,我们事实上已经是在讨论把什么当作属于世界的。我们关于什么属于实在的领域的观念是在我们所使用的语言中给予我们的,我们所拥有的概念为我们安排了有关世界的经验的形式……世界对我们而言是通过这些概念而被呈现的东西,这不是说我们的概念不会改变,而是说当这些概念改变时,我们关于世界的概念也随之改变了。[1]

---

1. P. Winch, *The Idea of Social Science and Its Relation to Philosophy*, New York: Humanities Press, 1958, p.14.

麦克道威尔指出，正是在这一涉及思想与实在、语言与世界的关系问题上，近现代哲学（在此主要指传统经验论哲学）表现出了某些"典型的焦虑"[1]（characteristic anxieties）。在他看来，这种焦虑关乎我们的心灵如何"切中"[2]世界这一问题。在单纯反思知觉经验的层面上，这种焦虑主要聚焦于经验认知的确定性问题，即经验作为一个为知识确定性提供辩护的"法庭"的信念面临某种威胁。因为根本而言，我们发现"陷入其中的一种思维方式让心灵与实在的其余的部分干脆无法发生接触，而并非仅仅让它认识它们的能力发生问题；有关将知识归属给我们自己的问题只是在其中那种忧虑能够被人感觉到的一种形式"[3]。麦克道威尔指出，问题首先在于厘清促成压力本身的那些观念各自运行的方式以及它们在何种意义上归于无效。他通过对塞拉斯在规范论视角下对"所予神话"（myths of Given）的批判和戴维森在整体论视角下的融贯论主张的相关解析，着力表明正是两者合力营造的某种表面上的冲突将隐藏在上述焦虑背后的压力暴露了出来。麦克道威尔

---

1. J. McDowell, *Mind and World*, London: Harvard University Press, 1996, p.xi. 本书所引译文参考了［美］麦克道威尔：《心灵与世界》，韩林合译，中国人民大学出版社2014年版，第1页。
2. 德文词 Triftigkeit，译为"切合性"，动词形式 treffen，译作"切中"。这里借用了海德格尔的相关表述，意在表明麦克道威尔并非仅仅在一种认识关联的视角下思考思想与实在，在他那里，心灵与世界的关联显然包含某种"已经"（have already）的呈现机制，后者恰是麦克道威尔思考经验概念的指归之处。正如查尔斯·泰勒（Charles Taylor）所指出的，这一思考在"海德格尔-梅洛·庞蒂-德莱弗斯（Hubert Dreyfus）"那里找到了类似的旋律。参见 N.H. Smithed., *Reading McDowell*, London and New York, 2002, pp.108-112。
3. J. McDowell, *Mind and World*, London: Harvard University Press, 1996, p.xiv.

进一步指出，无论是塞拉斯的规范论还是戴维森的融贯论，实际上共享着相同的本体论承诺，两者均依赖于某种"空间隐喻"，并分享依此建构的辩护秩序的基本形式。

在此，所谓"空间隐喻"意指基于如下二分的"逻辑空间"："理由的逻辑空间"与"自然的逻辑空间"。概言之，对于处于"理由的逻辑空间"中的事项而言，其确定性或正当性可由处其中的其他事项得到辩护；而处于"自然的逻辑空间"中的事项则受制于诸（准）自然因果规律的限制。对此，塞拉斯给予了系统的表述。在《经验主义与心灵哲学》中，塞拉斯强调知识概念的规范性内涵："在将一个片段或一个状态刻画成认识的片段或状态时，我们不是在给出一个有关那个片段或状态的经验描述，我们是在将其置于理由的逻辑空间，辩护和能够辩护的人们所说出的东西的逻辑空间之中"[1]。

麦克道威尔进而尝试将这个观点纳入一个更广泛的内涵。他认为塞拉斯的上述知识刻画只不过是如下思想的一个特定应用，即对于"与世界发生接触"这个观念本身来说，"一种规范性语境无论如何都是必要的，不管这种接触是否能够被刻画为知识"[2]。这里，塞拉斯与麦克道威尔共享如下要点：划分逻辑空间的深层要义在于，有关概念事项的定位方式将决定概念确定性的来源，这点集中体现在"经验"概念上；其重要之处在于，就知觉经验而

---

1. A. Sellars, "Empiricism and the Philosophy of Mind", in H. Feigl and M. Scriven, eds., *Minnesota Studies in the Philosophy of Science* vol.1, Minneapolis: University of Minnesota Press, 1956, pp.298-299.

2. J. McDowell, *Mind and World*, London: Harvard University Press, 1996, p.xiv.

言，传统经验论设想经验概念的方式在此空间隐喻中将被迫遭遇一种悖论。

诚如前文有关"感觉予料"的讨论中所揭示的,传统经验论将经验设想成是由"印象"构成的,是世界对感觉能力拥有者的冲击。显然,按照这种观点,世界对于知觉主体的冲击是一个全然单向的过程,知觉主体被动地接受一个由外部撞击所获得的"印象"。因此,"经验是印象的构成",这一关于"经验"概念的"经验描述"就隶属于那种在其中不可借由共处其中的其他事项来为自身提供辩护的领域,即属于"自然的逻辑空间"。可是,承认这点的后果则必定会剥夺如下蒯因式的信念:经验可以充当一个法庭,为自身的确定性提供辩护。塞拉斯指出,如果我们追随蒯因,硬将作为印象之集成的经验视作一个法庭,那么将必定招致某种"自然主义的谬误"。而在麦克道威尔看来,在对"所予神话"批判中导出上述悖论的过程中,塞拉斯假定了这样一个关键想法:"将某个事物置于理由的逻辑空间之中这件事本身就应当与给出一个有关它的经验描述对立起来"[1]。

正是在这个要点上麦克道威尔与塞拉斯产生了分歧。麦克道威尔强调,诸如"接受一个印象"这样的经验描述事实上并未脱离诸如"责任""辩护"这类规范概念在其中起作用的逻辑空间。简言之,处于"理由的逻辑空间"中的那种概念能力在诸如"接受一个印象"这类"自然内的交易"中已经起作用了。

---

1. J. McDowell, *Mind and World*, London: Harvard University Press, 1996, p.5.

显然，对于经验就其内容被视为源于外部世界撞击感官而获得的印象而言，经验论无疑面临塞拉斯所批判的那种"所予神话"的威胁。事实上，作为传统经验论的当代版本，"感觉予料"理论被塞拉斯视作这种"所予神话"的范型：

> 塞拉斯称，他的规划是批评"整个所予框架"。他这样说不是想削弱我们（通常经过感知）非推论得出的判断与作为推论得出结论、判断之间的差异。他向我们表明，怎么理解非推论的报告又不会不知不觉地滑向塞拉斯称为"所予神话"的一系列哲学承诺。感觉予料理论的重要性，只在于作为诉求所予的引人注目的例证。[1]

正是在这一触及经验内容的要点上，塞拉斯对"所予神话"的批判与戴维森对经验论的"第三个教条"[2]（即"概念图示-经验内容"的二元论）的攻击形成了一个可彼此参照的视角。戴维森主张，经验论及其印象主义内核始终无法规避"所予神话"的威胁，从而反向解除了经验作为确定性之"法庭"的辩护效能。除非以不同的方式坠入"所予神话"，否则我们就不可能主张经验自身的认识意蕴。在他看来，经验只能是一种概念之外对感性的撞击，因此经验必定处于"理由的逻辑空间"之外。虽然就因果意

---

1. [美] 塞拉斯：《经验主义与心灵哲学》，王玮译，复旦大学出版社 2019 年版，第 99 页。
2. D. Davidson, "On the Very Idea of a Conceptual Scheme", in *Inquiries into Truth and Interpretation*, Oxford: Clarendon Press, 1984, pp.183-198.

义而言，经验密切关联于主体的信念和判断，但是这并不能导出，对于这些信念、判断的辩护与证成取决于相应的经验。戴维森由此给出了其著名的"融贯论"方案："除了另一个信念之外，任何其他东西都不能算作坚持一个信念的理由。"[1]

麦克道威尔指出，就提醒如下一点而言戴维森无疑是正确的：如果着眼于概念空间之外事项对感性的撞击来设想经验，那么信念或判断的辩护就不能求助于经验，否则将陷入塞拉斯的"所予神话"。但是，戴维森的谬误在于，他从"所予神话"一路退缩，以至否认经验具有任何辩护作用。按照其融贯论的主张，我们的经验思维不与任何合理的限制发生交锋，而只与来自外部的因果影响发生交锋，这恰恰让人们产生了这样的担心："这幅图画能否容纳经验内容所意味的那种与实在的关联，而这恰恰可能使得那种求助所予之举似乎成为了必要的担心"[2]。因此，就从根本上拒斥经验论而言，戴维森的融贯论原则并不具备充分的效力，因为指出经验论在何种意义上无法有效确立经验的认知特性是一回事，而就此指出我们如何能够拒斥经验论本身是另一回事：

> 麻烦的是戴维森的批判并没有表明我们如何能够拒斥经验论，并没有通过做出任何事情来解释、消除这样一幅经验论图像的貌似合理性。按照他的批判，我们只有通过将经验

---

1. D. Davidson, "A Coherence Theory of Truth and Knowledge", in E. LePore, ed., *Truths and Interpretation: Perspectives on the Philosophy of Donald Davidson*, Oxford: Basil Blackwell, 1986, p.310.

2. J. McDowell, *Mind and World*, London: Harvard University Press, 1996, p.14.

思维构想成在其正确性这点上它要对经验世界负责这样的方式，才能理解经验思维切中世界这件事情；而且，我们只能以这样的方式来理解对经验世界的负责，即它是经由对经验法庭负责的方式居间促成的。如果我们被局限在戴维森所考虑的那些立场上，那么经验论的吸引人之处便只是导致了"所予神话"的那种不一惯性。但是，只要经验论的吸引人之处未被通过解释加以消除，那么上述事实就仅仅是连续不断的哲学不适的一个来源，而并非满足于放弃经验论的基础——尽管戴维森有关这些选择的构想让这点看起来多么具有强迫性。[1]

麦克道威尔指出，塞拉斯与戴维森的理论均立足于上述有关"逻辑空间"的划分。他们都首先假定了一个"自成一类的"（*sui generis*）的"理由的逻辑空间"。而与之相对的另一面，塞拉斯将其称为"经验描述在其中起作用的逻辑空间"（麦克道威尔将之归为"自然的逻辑空间"），戴维森则强调所谓自成一类特征的"合理性的构成性理想"[2]。这一共同的本体论筹划为消除前述那种哲学焦虑提供了一种被麦克道威尔冠名以"露骨的自然主义"（bald naturalism）策略。概言之，该方案从根本上拒绝逻辑空间的划分，主张将"理由的逻辑空间"看作"自然的逻辑空间"的一个

---

1. J. McDowell, *Mind and World*, London: Harvard University Press, 1996, p.xvii.
2. 麦克道威尔对戴维森在"蒯因-塞拉斯-罗蒂"这一叙述脉络中的角色定位给出了一份详细的解析。参见 J. McDowell, *Mind and World*, London: Harvard University Press, 1996, pp.137-146。

部分，那些"构成理由的逻辑空间的规范性关系可以通过那些处于非理由的逻辑空间中的概念材料重构出来"。[1] 显而易见，"露骨的自然主义"无法避免塞拉斯所批评的那种自然主义谬误，即设想经验作为一个法庭变得不再可能。

麦氏指出，两种逻辑空间的划分旨在标识如下源于两种事项的划分而产生的相应的理解差异："自然事项"所提供的那种自然科学的理解与"规范事项"置身于理由的逻辑空间时所产生的那种理解。这点在关于传统"经验"概念的理解上产生了如下悖论：一方面，作为印象之集成的经验必定作为自然的事项处于规律的领域；另一方面，经验作为法庭的规范诉求又必定使其确定性的肯定机制纳入理由的逻辑空间，因为只有在后者的领域中我们才能获得一个事项根据另一个事项而获得确定性辩护这一基本效能。在麦克道威尔看来，之所以会产生这一悖论，其根源在于人们将上述逻辑空间的二分等同于自然的事项与规范的事项之间的划分，而那种貌似浅显的悖论其实仅仅是一种不适当的嫁接所致：

> 我们仍然可以承认经验的观念就是某种自然事项的观念，而并没有因此就将经验的观念从理由的逻辑空间中移除。使得这点成为可能的事情是这样的：我们不必将逻辑空间的二分等同于自然事项与规范事项之间的二分。我们不必将自然观念本身等同于有关这样的概念的例示的观念，它们属于自

---

[1]. J. McDowell, *Mind and World*, London: Harvard University Press, 1996, p.xviii.

然科学类型的可理解性在其中得以展露的逻辑空间。按照我们所坚持的这种观点，这样的空间无疑是与理由的逻辑空间分离开来的。[1]

由此，麦克道威尔提出了自己的整体计划：承认经验隶属于自然事项，同时允许经验置身于理由的逻辑空间中，在不放弃经验是对思维的一种合理的限制这个断言的前提下避免"所予神话"。为了规避在"所予神话"与"融贯论"之间的摇摆，我们需要将经验设想成如下的状态或发生过程：它们虽然是被动的，但是反映了一种内在于经验的"自发性"(spontaneity)的概念能力。他强调，经验是一种运作中的"接受性"(receptivity)，而那种属于自发性的概念能力，"在诸经验本身之中就已经起作用了，而并非仅仅是在以它们为基础而做出的判断中才起作用，因此，经验能够以一种可以理解的方式与我们对于自由（它就隐含在自发性观念之中）的行使处于合理的关系之中"[2]。由此，麦克道威尔便赋予经验以双重品格，即经验乃是一个由"接受性"和"自发性"合力运作的状态和过程。

抛开麦克道威尔的细部论证，我们在他重塑经验概念的过程中不难辨识一个关键要点：一种"空间隐喻"在其解释中发挥着某种双重功效。一方面，围绕经验确定性的哲学困惑深度依赖对"两个空间"图像的误用，就此而言，空间隐喻的使用旨在聚焦产

---

1. J. McDowell, *Mind and World*, London: Harvard University Press, 1996, p.xix.
2. Ibid., p.24.

生"哲学忧虑"的诸观念症结；另一方面，重塑经验概念要求承诺新的逻辑环境，这是麦克道威尔言及"逻辑空间"的真正要义。显然，"逻辑空间"的表述密切关联于维特根斯坦在《逻辑哲学论》中的相关主张。

二、"逻辑空间"

众所周知，《逻辑哲学论》借以"图像"来例示实在与思想的关联，而图示的运行必定要求某种统一的本体环境。维特根斯坦基于简单性原则，将这种本体性设想成一种容纳一切"对象"（Gegenständen）间结合形式之可能性的总体，即由诸"事态"[1]（states of affairs）构成的"逻辑空间"。语言/命题图示世界/事实的基础就在于两者共享相同的逻辑形式，即相同数目的对象以相同形式彼此结合的可能性。关键在于，事实以及作为其总体的世界显明了一种有关可能性的观念："一切可能性都是逻辑的事实"（TLP:2.0121）。"事实"或"世界"的一切可能性均包含在对象的可能配置中，它们无法脱离逻辑形式的规约。就此而言，"思想"作为一种命题形式是无法描画一种独立的对象的，"正如我们根本不能在空间之外思考空间对象，或者在时间之外思考时间对象一样，离开同其他对象结合的可能性，我们也不能思考一个对象"（TLP:2.0121）。显然，逻辑空间的呈现依赖于对象的形式，依赖于"对象出现在诸事态中的可能性"（TLP:2.0141）。占据"一个"

---

[1] "如果给出所有的对象，那么同时就给出了所有可能的事态。"（TLP:2.124）

逻辑空间就意味着实现一次与对象的结合,即获得一个命题,后者规定了逻辑空间中的一个位置:"命题记号加上逻辑坐标,即逻辑位置"(TLP:3.41)。进一步,一旦获得一个命题,也就意味着逻辑空间的现身:"围绕着一个图像的逻辑脚手架规定着逻辑空间。一个命题有贯通整个逻辑空间的力量"(TLP:3.42)。

由此,我们在维特根斯坦关于"逻辑空间"的规定中解析出了某种模态特性,逻辑空间根本而言关乎一个可能性的形式领域。这一逻辑构造视角下的空间隐喻并非意在确立经验世界的可靠边界,而在于显明,正是基于这一逻辑空间的模态特性才能有效考虑一种"世界之界限"的观念;问题不在于通过限制一个"可能世界"的范围来获得局部的确定性,而在于以恰当的方式将世界植入逻辑的可能性中,在于澄清当下世界所包含的模态品格。因此,思想借助命题图示世界,其要点即在于将"为世界划界"的观念与"可能世界"的观念并置于统一的逻辑构造中。只有在"可能世界"的视域下才能有意义地考察世界的界限:语言、命题或图像在"言说"可思的可能性之际亦"显示"不可思的、因而不可说的可能性。因此,思想(可说)的界限就是世界的界限,这点无须借助外在的经验证词,而是由逻辑空间的模态特性内在地加以规定的。

维特根斯坦将揭示这一点视为哲学的要务,"哲学应当为能思考的东西划定界限,从而也为不能思考的东西划定界限。哲学应当从内部通过能思考的东西为不能思考的东西划定界限"(TLP:4.114),"哲学将通过清楚地表达可说的东西来指谓那不可说的东西"(TLP:4.115)。由此,"逻辑空间"激发了关于可能性与界限的模态特性,并决定了基于逻辑形式构造经验世界的方式。思想(命题)言说世界的方式在于在相同逻辑形式下对象间的配置图式,就此而言,基于逻辑形式的世界秩序本质上隶属某种内含规范特性的构造,经验(世界)的确定性源于逻辑形式运行其间的逻辑空间的规范。显然,所谓"不可说",其要义就在于唯有自我显示的逻辑形式才能保证言说的可能:"命题能够表述全部实在,但是不能表述它们为了能够表述实在而必须和实在共有的东西,即逻辑形式"(TLP:4.12)。

显然在逻辑构造的图景中,"逻辑空间"的模态性呈现为一种自主显示的内在规范,后者为命题与世界、思想与实在确立了共同的界限。更进一步,逻辑形式的规范性体现在它决定了前述关于世界之"内在-外在"框架的具体使用,而空间隐喻亦显明逻辑本身的"形式属性"或"结构属性"。诚如维特根斯坦所言,逻辑形式本质上作为世界的"内部属性"是不可说的:

在某种意义上,我们可以谈对象和事态的形式属性,或者,对事实而言,谈它们的结构属性,以及在同一意义上谈它们的形式关系和结构关系……不过,这些内部属性和关系的存在不能通过命题来断言,而是在表述有关事态和涉及有关对象的命题中自行显示出来。(TLP:4.122)

《逻辑哲学论》强调"逻辑空间"的规范性,作为思想与世界所共处的统一的本体环境，它也必定涵盖知觉经验的诸事项。麦克道威尔聚焦于此，力图将上述那种内在于事实与世界的、表征为逻辑形式的规范性拓展至整个经验概念。他通过强调"经验就是运作中的接受性"这一事实来满足有关经验之外部限制的理论需求。换言之，经验及其确定性规范密切关联于"概念事项的无界性"。如前所述，麦克道威尔重塑经验概念的肇端在于那种与"思想与实在"相关联的"哲学焦虑"，其关键策略在于侦测"安置实在的方式"。重要之处在于，麦克道威尔在此澄清了一个在《逻辑哲学论》与《哲学研究》之间进行"无缝对接"时所依赖的要点，并就此为他推荐的那种经验概念的运行提供相关的本体环境。更进一步，经验分享了逻辑空间的模态特性因而具有规定"能思"的效能，因此便可期许一个业已包含规范性的"经验"概念。

对于麦克道威尔而言，产生经验论哲学焦虑症的核心问题在于"实在的独立性"，后者在《逻辑哲学论》中被刻画为某种双重的不可说：一方面，"对象"本身作为思想与世界的统一逻辑单位是"简单的""不变的""实存的"，经验属性有赖于对象间的配置形式以及相应的命题图示，对象自身规定属性（TLP:2.0232），并构成一切言说的条件，因而对象本身是无法言说的；另一方面，基于对象及其配置形式的本体承诺所确立的逻辑秩序独立于经验，逻辑是先天的，并且"照料自身"（TLP:5.473）。因此在《逻辑哲学论》的语境中，麦克道威尔所谓"给世界一个合理的限制"就指归于这种渗透世界中的逻辑秩序，而对象及其配置形式作为

"实在"而言并非对世界的某种神秘给予。世界以其自身的存在显示其界限,诚如维特根斯坦所言:"神秘之处不在于世界是怎样的,而在于世界是存在着的"(TLP:6.44)。"世界"是一切发生的实际情况,麦克道威尔依据维特根斯坦的这一基本要点实施了如下转换:

> 在人们没有受到误导时人们所处的特定的经验之中,人们所接纳的东西是事物是如此这般的。事物是如此这般的就是这个经验的内容,而且它也能够是一个判断的内容:如果这个主体决定按照其表面价值接受这个经验,那么它便成为一个判断的内容。因此,它就是概念内容。但是,如果人们没有受到误导,那么事物是如此这般的也是世界的布局的一个方面:它就是事物所处的情况。因此,在概念上被给予了结构的接受性的运作让我们能够将经验说成向实在的布局的开放。经验使得实在的布局本身能够向一个主体所思维的东西施加一种合理的影响。[1]

在此,麦克道威尔洞察到"对象(事物)"自身的规范性。思想与世界共处于对象形式的规范下,两者并非逻辑空间中截然不同的两种事项,而是一种受制于逻辑形式联动机制的统一性的共在。世界就是一切发生的事情,是事物在逻辑空间中所处

---

1. J. McDowell, *Mind and World*, London: Harvard University Press, 1996, p.26.

的实际情况。就命题图示而言,这种联动状态使得对象形式的模态特性"流溢"为命题(思想)与世界的双重情态,后者则反过来显示那不可见的逻辑规范。于是,对象实在的自行其是在可见的(可说的)范围内就等同于"世界的实际情况",而命题图示或思想在受制于相同逻辑形式的意义上便获得了来自实在或世界的"合理限制"。

麦克道威尔的重构揭示出维特根斯坦的一个重要洞见:实在与经验在思想图示的表征中显示为一回事。这一观念为麦克道威尔的如下考量提供了一条逻辑通道:既承认实在对我们的思维施加着合理的限制,又拒绝将实在放逐在概念疆域的边界之外。麦克道威尔据此主张,"经验本身已经配备有概念的内容了。接受性和自发性的这种联合的涉入允许我们说在经验中人们能够接纳事物所处的情况……事物是如此这般的是一个经验的概念内容,但是,如果这个经验的主体没有受到误导,那么事物是如此这般的这同一个事项也是一个可以知觉到的事实,是可以知觉到的世界的一个方面"[1]。

由此,麦克道威尔便在《逻辑哲学论》中发掘出一个类似于他本人的表述框架:命题与世界相互图示之即,两者就已经处于逻辑形式的运作中。他将实在解读为"事物是如此这般的",后者在知觉主体参与其中的经验里与世界("一切实际情况")是一回事,并构成经验的"概念内容"。因此,对于一个"未受到误导

---

1. J. McDowell, *Mind and World*, London: Harvard University Press, 1996, pp.26-27.

的"知觉主体而言，上述框架就可转换为：经验在表达世界的过程中已然包含了概念形式的运作，其中作为如此这般的实在借以实际情形显示其自身。这里的要点在于，将"事物是如此这般的"转译为"事物所处的实际情况"，麦克道威尔则在《哲学研究》中发现了相当有力的证词：

> 在此反思一下维特根斯坦的如下评论不无益处："当我们说出，并且意指某某是实际情况时，我们——以及我们的意指——并非在事实前面的某个地方便止步不前了；相反，我们意指：这是如此这般的"……我们可以以一种令维特根斯坦不舒服的方式来表述这个要点：在人们能够意指的那种东西——或者一般说来，人们能够思维的那种东西——与能够是实际情况的那种东西之间不存在任何存在论上的空隙。当人们以真的方式思维时，人们所思维的东西就是实际情况。因此，既然世界就是所有实际情况，那么在世界本身与世界之间便不存在任何空隙。[1]

基于此，麦克道威尔在《逻辑哲学论》和《哲学研究》之间实施了某种"无缝对接"，并由此试图确立如下信念：一个知觉主体以真的方式"能思"的东西等同于"能是"实际情况的东西。"思维并非在事实面前止步不前"，这点构成麦克道威尔重塑经验

---

1. J. McDowell, *Mind and World*, London: Harvard University Press, 1996, p.27.

概念的核心要义。他意在阐明，经验的显现在于概念能力在感性中的启动，知觉主体对某个事实的知觉在本质上就意味着在其内部形成了相关的印象。与《逻辑哲学论》确立的思想与实在所共处的本体环境相类似，经验与概念的联动亦吁求某种共通的逻辑框架。对此，麦克道威尔试图通过如下方式来达到这种本体承诺：澄清实在论与经验论对"内在-外在"解释框架的误用，借此推荐一种一元的动态系统的方法论信念：

> 这一整体的动态系统，我们在其中进行思维的那个中介物，是由与其外面的某种东西所处的那些概念之外的关联而被保持在适当的位置上的。我们一定不要描画一条围绕着概念事项的范围的外部边界，而一个处于这条边界之外的实在则由外向内地冲击着该个系统。任何跨越这样一条外部边界的冲击都只能是因果的冲击，而非合理的冲击……当我们在这样一个动态的系统之内进行概念活动时，我们总是发现自己已经在与世界交锋了。[1]

显然，实在论和经验论使用"内在-外在"框架的前提在于，它们均承认概念与实在是两种彼此分离的独立事项，但如前所述这必将滑向"所予神话"或者"融贯论"的泥淖，两者均剥夺了经验的自主确定性。因此，麦克道威尔提请一种理智的克制：并

---

1. J. McDowell, *Mind and World*, London: Harvard University Press, 1996, p.34.

不存在某种有关概念事项的外部边界，实在可以从此边界之外撞击这个系统。他力图在经验中进一步重塑一种"合理的外部限制"的观念，我们可合理欲求的所有外部限制来自思维之外，但是并非来自"能思"的东西之外。麦克道威尔指出，将"内在-外在"框架用来标识"概念"与"实在"这两个似乎全然不相干的领域，其谬误在于一种以如下方式欲行分割"内容"的理智冲动：有关"概念内容"与"非概念内容"[1]的划分。

对于这种迷思，麦克道威尔区分了"思维行为"与"能思的内容"。实在可以脱离某个具体的思维行为而存在，但该实在总是已经成为经验主体的一种能思的对象了，它整体可被纳入经验者的思想之中。世界在经验中的特定呈现就在于"自发性"与"接受性"的合力行使，或者世界的一个方面在经验中获得了一个位置。重点在于，关于经验之确定性的辩护进程所达到的最后事项仍然属于能思的内容。并不存在一个可以突破概念能力运作的边界事项，而所谓"经验的规范性"仅仅在逻辑上就已无法"赤裸地指向"一个所予的片段。感知实在的本体环境处于经验内部的概念事项的联动机制，在此意义上，有关世界的感性印象必定是"内在的"，而一个内部经验的对象，如果独立于该概念系统的整合，那么它根本就不存在。因此，麦克道威尔在经验中安置实在的要点在于摹状"感性印象的内在性"，而非铺陈"内在的感性印

---

[1] 埃文斯（Gareth Evans）借以"信号系统"为这种"非概念的内容"的观念提供了一个精致的版本，剖析其要点构成《心灵与世界》"第三讲"的一个重要的个案研究，具体参见 J. McDowell, *Mind and World*, London: Harvard University Press, 1996, pp.56–63.

象",这点亦构成他重启"内在-外在"框架的核心内容:

> 处于辩护终点的那些"能思的内容"是"经验的内容",而在享受一种经验时人们是向着这样显见的事实开放的——无论如何它们都是成立的,它们在人们的感性上造成有关它们的印象……对于那些在经验中起作用的能力来说,如果不是因为它们被整合进这样一个合理地组织起来的网络的话——它是由主动地调节人们的思维以适应经验的释放物的能力所构成的网络——我们根本就不能将它们认作概念能力。这点便是经验概念的全部节目实际所是的东西。[1]

类似于《逻辑哲学论》揭示出"逻辑空间"的模态特征,麦克道威尔将"经验"规定为一种双重机制合力联动的事件("一个运作中的接受性事件"),由此,经验内容便获得了类似于"逻辑形式"的本体承诺。其中,世界的某个"能思的"内容被付诸思维活动,并且在那种整体的概念联动机制中接受整合,从而首先在感知中实现为一个印象片段。这一有关经验内容之"能思"维度的揭示赋予内容自身以同样的模态品格,而在经验中概念能力向着一般自发性的整合则构成了某种内在规范。基于此,世界对我们的思维便施加了一种合理的影响:"我们必须将可以体验到的世界理解成主动思维的一个题材,这种主动的思维受到经验所揭

---

1. J. McDowell, *Mind and World*, London: Harvard University Press, 1996, p.29.

示的东西的合理限制"[1]。世界（实在）就是能思的世界，因而也是经验的世界；经验是思维的事件，并非一切都是经验，但一切都只能是经验的。由此，经验便被植入了一种规范的品格。

三、经验与伦理

在对维特根斯坦哲学的重构中，麦克道威尔的创见在于他将维氏关于可能性的本体论分析深化为有关知觉经验之接受性与自发性合力运作的概念秩序的探究。在麦克道威尔看来，经验的规范性体现为主体借助概念能力在经验中注入意义内涵，而这一构想与近代科学集群在兴起过程中所塑造的那种"自然"观念相冲突。近代自然观认为感受性属于自然事项，而意义内涵的自主性与自发性则植根于"理由的逻辑空间"的本体情境：

> 近代性（modernity）的良好教导之一便是规律的领域就其本身来看是缺乏意义的；其构成要素并不是借助于构成理由的空间的那些关系来彼此关联在一起的。但是，如果我们关于自然的事项的思考止于对于这个要点的体会，那么我们便不能适当地领悟经验接纳，甚至那些构成了规律领域的无意义的发生的事情的能力。我们不能在有关经验的构想中将自发性和接受性令人满意地拼接在一起，而这也就意味着我们不能利用这个康德式的思想：规律的领域，是意义活动的

---

1. J. McDowell, *Mind and World*, London: Harvard University Press, 1996, pp.32-33.

领域,并不是外在于概念事项的。我们应用于文本之上的知性能力本身必定涉入我们对于单纯的无意义的发生的事情的接纳之中。[1]

显然,近代自然观念的关键在于承诺两种逻辑空间以及相应理解方式之间的截然对立。于是问题归结为如下一点:"自发性,那种让我们能够控制我们的主动的思维的自由,如何能够给予单纯的自然的一个片段的运作以结构?"[2] 如果承认近代自然科学旨在对我们施加那种自然概念的话,我们就势必面临要抽空其意义的威胁。由此可见,全部问题在于重新审视"自然"概念,其核心要旨在于如何将"自发性"关联到自然事项上,如何将对意义的回应带回我们的"自然的感受能力的运作本身"中来。对此,麦克道威尔的基本思路是,一方面承认自发性概念是"自成一类的",另一方面,自发性能够刻画我们自然能力的现实化进程,即感性的状态和发生过程。

不难发现,这一方案同样面临一种自然主义的诱惑:将自发性的行使看成是自然的,似乎旨在将那些与自发性相关联的诸概念整合进"自然的逻辑空间"中,即隶属规律领域的结构中。这无疑是一种前述空间隐喻之哲学焦虑所产生的后遗症。麦克道威尔强调,围绕空间隐喻的误用造成了一类相近的困扰,在感知经验中呈现为围绕经验确定性的摇摆,而在更一般性的认知背景中

---

1. J. McDowell, *Mind and World*, London: Harvard University Press, 1996, p.97.
2. Ibid., p.70.

呈现为有关自然自律性的焦虑。在后者那里，两种"逻辑空间"的划分在更深层面上被转换为"规范"与"自然"的二分："如果规范是以柏拉图主义的方式被构想的，那么人们在它们之中会发现一个怪异之处，这反映出人们是从规范与自然的二元性的自然的一侧来看待规范的：自然被等同于规律的领域，而这便设置了人们所熟悉的那种祛魅的威胁"[1]。鉴于此，麦克道威尔欲图推荐如下方案来应对这种威胁：将自发性的行使视作我们的"生活模式"（mode of living），后者旨在将我们的"动物自然"（animal nature）现实化：

> 为了让我们自己消除疑虑，相信我们对理由的回应并不是超自然的，我们应当总是想着如下思想：是我们的生活受到了自发性的塑造（shaped），被以这样一些方式给予摹制（patterned），只有在一种被戴维森称为"合理性的构成性理想"的东西所构筑的研究中它们才会进入视野。自发性的行使属于我们的生活模式，而生活模式就是现实化作为我们自身的方式。因此，我们可以这样来重述这个想法：自发性的行使属于我们的现实化作为动物的我们自身的方式。[2]

麦克道威尔的要点在于，尽管自发性的行使要求一种自成一类的逻辑空间，但这并不意味着它截然对立于那种"自然的逻辑

---

1. J. McDowell, *Mind and World*, London: Harvard University Press, 1996, p.94.
2. Ibid., p.78.

空间"。在所谓"动物自然"的现实化进程中,已经包含着概念能力的运作。麦氏指出,将自发性的行使纳入特定的"生活模式",一方面,有助于我们规避那种源自戴维森式一元论的自然主义风险,即力图将自然等同于规律,从而为某种"超自然的真理"留下地盘;另一方面,该方案也为我们审视"理由的空间"与"规律的领域"之间的深层关联提供了全新的视角。与前文有关知觉经验秩序特性的分析相类似,重塑"自然"概念的关键仍在于为自发性的行使与自然事项的安置提供统一的本体环境,而所确立的秩序形式就从经验的规范性相应地扩展为自然的自律性。正是在这个关键点上,麦克道威尔将亚里士多德关于伦理品格的省察视作一个彻底反思和重塑"自然"概念的典范。

亚里士多德在论及"品格美德"(virtue of character)的塑造时着重阐明了如下要点:严格意义上的品格美德的展现并不依赖于单纯的习惯性倾向,必须与美德的诸要求相称。他借助于"实践理智"(phronesis)与"品格美德"的关系来论证:一个人若不拥有全部的美德,就不可能拥有任何一种成熟形态的品格美德。[1] 根据亚里士多德的观点,品格美德的养成包含两个重要的向度,一方面,品格美德的完整呈现仅依赖于内在的诸美德样态的联合塑造;另一方面,品格美德作为终极目标吁求一种持久的教化、操练与践行。

---

1. [古希腊] 亚里士多德:《尼各马可伦理学》,廖申白译注,商务印书馆2010年版,第188—190页;关于这一点的一个有力的解读参见 [美] 麦金太尔:《追寻美德》,宋继杰译,凤凰出版传媒集团2008年版,第12章:"亚里士多德关于诸美德的解说",第164页。

在此，麦克道威尔重点聚焦于亚里士多德有关"伦理思维之自律性"的洞见。所谓伦理思维的自律性，其要旨在于它所背负的一种"长久的责任"，即对于那些支配伦理思维本身的各种标准的反思与评估并不依赖任何处于伦理思维范围之外的事项。他借此欲图实现如下可能：既要规避近代建基于规范与自然二分的思维模式，同时以恰当的方式安置伦理品格。与麦金太尔一致，麦克道威尔指出那种站在近代观念中曲解亚里士多德的"误植年代的错误"，即"将一个有关伦理学的自然主义基础的图式归属给亚里士多德"，其结果只能是炮制出某种"历史怪物"。[1]而在麦克道威尔看来，亚里士多德的真正贡献就在于他给予了伦理反思性一个适当的位置：

> 伦理事项是一个由这样的合理要求构成的领域，无论我们是否对它们做出了回应，它们总是待在那里。通过获得适当的概念能力的方式，我们注意到了这些需求。当一种正当的教养把我们引领进相关的思维方式之中时，我们的眼睛便向理由的空间中这个地带的存在本身张开了。此后，我们对于其详细的布局的体会在对我们的伦理思维进行反思性的审查过程中要无限期地受到精致的改进。[2]

伦理反思的重点在于显明亚里士多德的如下洞见，即包含伦

---

1. 参见 J. McDowell, *Mind and World*, London: Harvard University Press, 1996, p.80.
2. Ibid., p.82.

理生活与思想在内的各项伦理需求均密切关联于它们展开其中的那种自然背景。这一表面上似乎互不兼容的事项之所以是可能的甚或是必然的，其根源在于那种作为人类之实际所是的"完满生活"（fulfilling life）的观念在本质上向来是由一种伦理的关切所塑造的。完满生活已经是完全伦理性的，而一种"正当的教养"能够以一种恰当的方式将这些伦理需求纳入我们的视野，并基此塑造人类成员的行为和思想。对于亚里士多德而言，伦理需求包含自律性，伦理的教养将人类成员以一种可以理解的方式引领进理由空间，它将适当的形态逐渐灌输进他们的生活之中。在塑成伦理品格的同时，实践理智亦获得了一个确定的形态，并呈现为一种思想和行为习惯，亚里士多德称之为"第二自然"[1]（second nature）。显然，在塑造伦理品格的微观视角下，所谓"第二自然"无疑是一种教化的产物[2]，其要旨在于为人类伦理思维和自然品性提供一种共在的本体情境。更进一步，麦克道威尔指出，这一关乎伦理品格的微观省察仅仅是对如下人类一般情形的特定例示：

> 塑造伦理品格——包括将一个特别的形态强加给实践理智这样的事情——是如下一般现象的一个特殊情形：将人引领进这样一些概念能力——它们包括对伦理学的合理需求之

---

1. J. McDowell, *Mind and World*, London: Harvard University Press, 1996, p.84.
2. "我们的自然大部分说来是第二自然，而我们的第二自然之所以处于它所处的那种状态，不仅仅是因为我们生下来就拥有那些潜能，而且是因为我们的教养，我们的教化。" 参见 J. McDowell, *Mind and World*, London: Harvard University Press, 1996, pp.87–88。

外的其他合理的需求的回应。这种引领是一个人类成员走向成熟这件事情之实际所是的东西的一个正常部分，而这就是为什么尽管理由的空间的结构与被构想成规律的领域的自然的布局不相容，但是它并没有呈现出疯长的柏拉图主义（rampant platonism）所想象的那种与人类事项的疏远。如果我们对亚里士多德构想伦理品格的塑造方式加以推广，那么我们便达到了有关如下事项的观念：通过获得一种第二自然的方式让自己的眼睛向一般而言的理由张开……一种作为"Bildung"（图像）而出现的东西。[1]

显然，麦克道威尔通过重启"第二自然"刷新了本体环境的承诺方式，相应地，前述那种作为整体概念联动系统的秩序构想在此承诺中吁求新的理解形式。为此，麦克道威尔再次返回维特根斯坦哲学，通过对早期《逻辑哲学论》的秩序想象的诊断为参照，从而为后期《哲学研究》所致力的日常行动规范提供某种可见（因而可说）的形式。

只需对麦克道威尔的论点稍加检视就会发现，对于（知觉）经验概念之自律结构的阐明在一定程度上异质于《逻辑哲学论》。如前所述，就"对象"及其配置形式而言，TLP 安置实在的策略依赖某种"逻辑构造"，世界、图示世界的语言以及相关的经验主体都是逻辑构造的产物。因此，TLP 所确立的逻辑秩序在本质

---

1. J. McDowell, *Mind and World*, London: Harvard University Press, 1996, p.84.

上属于一种先验秩序。一个经验主体无法言说这一秩序，因而需承诺一个大写的"我"，一个不属于世界，并构成其界限的"形而上学的主体"（TLP:5.641）。对维特根斯坦而言，TLP 把"对象"设置为逻辑构造的基本要素和终极单位，即某种构成逻辑秩序的"不可设想的刚性材料"，但他又主张"对象"虽然独立自存但并非某种处于世界之外的神秘实体。不难发现，维特根斯坦在"对象"问题上的摇摆、犹疑暴露出一种更深层的焦虑：他一方面受海因里希·赫兹（Heinrich Hertz）的"力"的概念的影响，强调对象不可言说[1]，但另一方面，就对象及其配置形式一蹴而就的"非教养的实存"而言，TLP 必定面临那种"疯长的柏拉图主义"的威胁。

鉴于此，麦克道威尔力图推荐这样一种想法：在唤醒经验自律性的同时避免将其拉回到某种先天秩序。简言之，那种在经验中所行使的整体的概念联动能力并非一种外加在经验领域之上的、"所予"的异质结构，尽管这种联动能力本身并不一定就是经验。为此，麦克道威尔旨在推荐一种宽松的"自然化的柏拉图主义"（naturalized platonism）：

> 自然化的柏拉图主义之所以是柏拉图主义，是因为理由的空间的结构拥有一种自律性；它并非从有关人类成员的这样的真理——即使那个结构没有进入视野之中它们也是可以

---

[1]. R. Monk, *Ludwig Wittgenstein: The Duty of Genius*, New York: Penguin Books, 1991, p.26.

被捕捉到的——之中派生出来的，或是其反映。但是这种柏拉图主义不是疯长的：理由的空间的结构并不是在与任何单纯人类性的东西极其隔绝的状态下被构成的。理性的需求本质上说来是这样的，以至于一种人类的教养能够让一个人类成员的眼睛向它们张开。[1]

在此，所谓"自然化"包含两个要旨：其一，旨在表明一个成熟的理性个体所具备的"第二自然"的自律性；其二，旨在强化这种自律的规范性所要求的高度的实践品格。相应地，诚如麦克道威尔所揭示的，这种旨趣具体体现在前述整体的概念联动能力在两种层级上的运作中：在知觉经验的层面上，概念能力促成人类"感性自然"（sentient nature）的现实化；在行动层面上，概念能力（即理性）促成人类"行动自然"（active nature）的现实化。他通过对康德的那个著名断言的如下转化来试图阐明这一点：

> 康德说，"思想无内容是空的，直观无概念是盲的"，类似地，没有外部行动的意图是空转的，而没有概念的四肢活动是单纯的偶发，而非一种施动性（agency）的表达。如果我们接受如下断言——经验是我们感受自然的现实化，概念能力向来牵连其中，那么我们便能容纳康德的要点。在此类似的断言是，有意图的身体行动是我们行动自然的现实化，

---

1. J. McDowell, *Mind and World*, London: Harvard University Press, 1996, p.92.

概念能力向来牵连其中。[1]

关于"施动性"或"自发性"的考虑从经验扩展至行动,这点再次强化了前述那些"哲学焦虑"的普遍性。这种解释扩展在经验层面上似乎只是一种特殊的使用扩容,而在行动层面上,自发性的行使对于将自我看成世界中的一个"身体图式"(bodily presence)来说是至关重要的。不过,无论哪种层面均不能将这种基于概念能力之自发性的动态秩序理解为一种单向的施压与规制,而是一种关于知觉、经验与行动的自主的内在规范。因此,麦克道威尔强调,当且仅当发生一个知觉活动或实施一个认知行动的时候,概念能力的自发行使才能得到完整的体现。他指出,通过将康德哲学与"第二自然"相融合,就为我们提供了一种优质的反思框架,借此我们就可以将自发性能力的行使转换为生活历程中的一个要素。一个经历着的行动主体在其"施动性的表达"中表明,他拥有真正属于自己的主动的和被动的身体能力,他本人就是具身的,"以实体的形式呈现于他所体验的,并且作用于其上的世界之中"[2]。

按照麦克道威尔的观点,经验的规范内在于经验活动,而"第二自然"的自律性有赖人类教养活动的开展。于是,人的活动就在主体与环境之间秉持着某种"自由"内涵。一个人拥有了世界,部分而言,就意味着获得了这样的能力,即对作为已然可加

---

1. J. McDowell, *Mind and World*, London: Harvard University Press, 1996, pp.89-90.
2. Ibid., p.111.

利用的行动可能性之基础的那些事实进行概念化的处理，以至于他将当前的环境构想成那个处于他当前感觉和实践所及的世界。因此，概念秩序的生成与主体行动密切相关，概念的规范"图示"行动的自律，同样，行动自身"摹状"概念秩序。麦克道威尔据此指出，维特根斯坦有关行动秩序的思考为此提供了某些重要的参照和启发。

在《哲学研究》中，世界不再被视为一种逻辑建构的结果，而是一种复杂多样的实际活动相互牵连的整体形态与情境。维特根斯坦称其为"生活形式"（form of life），在更晚期的《论确定性》[1]中，他将其视作一种"世界图景"[2]（picture of world）。他就此提醒人们注意生活形式的规范性来源，强调经由语言游戏的实践教化与行动操练，日常生活世界所展现出的那种强健的自律性。由此，就呈现一种自律化的规范特性而言，维特根斯坦从前述《逻辑哲学论》所秉持的那种"逻辑照料自身"深化为后期所倡导的"行动为自身辩护"："一种行动的确立不仅需要规则，而且需要实例，我们的规则留下了不确定的漏洞，所以行动必须为自身辩护"（OC:139）。关键在于，"生活形式"或"世界图景"并非一种关于世界本质之为何的图像式呈现，它们被用来标示那种在语言游戏的相互牵连中所形成的关于生活、世界的基本信念与态度，维特根斯坦视之为一种"自然的恩惠"（OC:505）。更进一步，生活形式的变化与具体可感的行动紧密相连，信念体系的局部修正

---

1. L. Wittgenstein, *On Certainty*, London: Blackwell Publishers Ltd, 1998.
2. "我有一个世界图景……它是我的一切探讨和断言的基础。"（OC:135）

必定牵连着生活形式的深层塑造,就此而言,在语言游戏多重复杂的相互牵连中,生活形式保证了一个特定行动的确定状态。简言之,行动为自身辩护,其要旨在于显明立足于生活图景的行动摹状。

由此,前述那种整体概念能力就在如下意义上获得了一种可见的例示:在"第二自然"的环境承诺中,其动态性被识别为一种行动的规范。更重要的是,麦克道威尔洞察到行动摹状的无声与静默,换言之,《逻辑哲学论》最后所招致的"沉默"在后期完全内化为行动规范的潜在行使。正是在此意义上,麦克道威尔拒绝将自己所推荐的那种"自然化的柏拉图主义"贴上任何建构主义的标签,毋宁说它是一种用以警惕那种欲行建构理论冲动的"提醒物"。他由此将其主张视作一种"治疗"实践,而在将这种治疗意蕴与维特根斯坦的"哲学治疗"相嫁接时,便赋予了"治疗"实践一种所谓"寂静论"("或"紧缩论")的外观。问题在于,如追随麦克道威尔承认这点将会遭遇什么?

四、"寂静"的维特根斯坦?

麦克道威尔揭示出,"经验"与"自然"的现实化进程深度依赖概念能力的自发运作,这点在某种意义上就与前文有关维特根斯坦心理哲学的讨论关联了起来。自然的现实化立足于概念行动的自发行使,在日常语用实践中,这种规范内涵就被标示为一种现成性与日常性之间的自律平衡。要点在于,在规范性视角下将概念的自发性与语用的自律性相互关联时,就会在哲学策略上容易导向前文揭示的那种"内在性",如此一来,麦克道威尔就必定要遭遇诸如詹姆斯、柯勒等人所遭遇的同样的解释困境。对此,麦克道威尔本人显示出了一定的理论反思的自觉性:

> 在被排除于由日常自然事项活动所构成的发生事情的领域后,施动性的自发性通常力图在一个特定的内在领域(interior realm)中获得定位。这种对于自发性的重置可被视为对自然主义的一种放弃,或者那个内在领域或许被构想成自然世界的一个特殊区域。无论采取哪种形式,这种思维方式均只是在这样一些内部事项的幌子下,在身体行动中给予自发性一个角色,即它们被描画成从内部肇始了身体的运作,据此可以被认为意图或意志力(volitions)。[1]

概念的自发性、行动的自律性,它们均明确地指向对一种关乎日常生活实践之规范特性的审视。但是,当这种规范性设想关联于一种基于内在性的本体环境时,便可能遭遇一种笛卡尔式的解释困境。在一种内在主义视角下,关于概念自发性的行使及其意义的理解就基于如下本体论层面上的设定:在"内在-外在"解释框架与"规范-自然"秩序结构之间存在一种隐秘的置换关系。概念活动的自发运行被框定在某种神秘的内在领域中,正是这点从更深层面上阻隔了"感性自然"与"行动自然"的现实化进程,从而导致了塞拉斯所述的那种哲学焦虑。

---

1. J. McDowell, *Mind and World*, London: Harvard University Press, 1996, p.90.

麦克道威尔指出，在一种笛卡尔主义的心灵哲学图景下，"关于'隶属自然'这一构想形成的早期阶段，人们倾向于假定，在理由的空间中起作用的特别之处在于它们将其满足者放置在自然的一个特殊地带"[1]。这一欲图弥合规范与自然之间的鸿沟的解释冲动是引发一系列深层迷误的根源所在。因此，关键在于认识到，一方面，自发性的行使、意义的自律性均以极其复杂的方式与维特根斯坦所谓的"自然史"(PI:25)，即我们的"第二自然"紧密牵连；另一方面，"人类的生活，我们的自然的存在方式已然受到意义的塑造，我们只需要通过确认我们对于第二自然的观念的权利的方式将这种自然史与作为规律领域的自然联系起来，而不必将两者以比这种方式更加紧密的方式联系起来"[2]。正是在这个要点上，麦克道威尔将他所推荐的那种"自然化的柏拉图主义"归于维特根斯坦哲学，并由此导向一种试图"让哲学平静下来"的"寂静论"立场：

> 自然化的柏拉图主义不是一张贴在某种建构性哲学之上的标签，这个短语仅仅是一个"提醒物"的一种简略的表达方式。这个提醒物是指一种欲将我们的思考从这样的做法中召回的企图，即运行在这样的沟槽中，它们让事情看起来是这样的：我们需要建构性哲学。[3]

---

1. J. McDowell, *Mind and World*, London: Harvard University Press, 1996, p.90.
2. Ibid., p.95.
3. Ibid.

所谓"建构性哲学"意指这样一种观念，概念秩序的确定性植根于某些业已得到识别的实际状况，并且受隶属于后者的诸事项的塑造。在诸如冯·赖特[1]、克里普克[2]等这样的"维特根斯坦主义者"看来，一方面，维特根斯坦对于日常语言秩序之常识规范性的强调无疑为意义归因提供了重要的启示，但是另一方面，维氏在哲学方法论上的所谓寂静论立场阻碍了其哲学效能的充分发挥，从而使他遭遇"一个令人难堪的失败"。麦克道威尔并不赞同这种观点，在他看来，维特根斯坦意在质疑某些有意义的思想在一个不适宜的环境中所获得的那种神秘光环，而一种"寂静论"的要旨恰恰在于对任何哲学实质主义的拒斥。哲学的任务旨在"强行去除那些在世界中为意义找到一个位置这件事情遭遇困难的臆断，由此便可以从容地接受意义在塑造我们的生活中所扮演的角色"[3]。

但是，当麦克道威尔将维特根斯坦的观点归结为一种"自然化的柏拉图主义"时，实际上并未真正摆脱如下诘问：究竟在何种意义上，"自然化的柏拉图主义"规避了那些被用来刻画"建构性哲学"或者"实质性哲学"的属性？在此，关键在于厘清一种刻画"哲学焦虑"的特定方式。如前所述，麦克道威尔强调一种在纯粹隔绝状态下所产生的哲学焦虑，借此欲图表明概念自发运

---

1. G. H. von Wright, *Wittgenstein on the Foundations of Mathematics*, London: Duckworth, 1980.
2. S. Kripke, *Wittgenstein on Rules and Private Language*, Oxford: Basil Blackwell, 1982.
3. J. McDowell, *Mind and World*, London: Harvard University Press, 1996, p.176.

作的自律特性，并将其动态属性构想为一种自然性的现实化运作。按照麦氏的主张，"自然化的柏拉图主义"之所以能够规避那种作为维特根斯坦批判标靶的"神秘光环"，恰恰有赖于针对哲学焦虑的如下诊断：

> 我的建议是，我们的哲学焦虑源自于一种近现代的自然主义对我们思维所施加的那种可理解的掌控，而且我们能够致力于放松这种掌控。让这个建议变得生动可见的方式之一便是描画这样一种心境，在其中，我们确定无疑地摆脱了那些施加在我们思维之上的影响，它们导致了哲学忧虑，尽管我们绝不假定有一天会永久地、稳定地拥有这样一种心境。即使如此，对于我们所面临困境的一个根源的认同同样可用来克服这种哲学冲动的再次发生。[1]

显然，麦克道威尔的上述诊断与有关近现代哲学的一种特定面貌的重构密切相关。他一再强调这种近现代以来的哲学性格乃是制造种种哲学迷误的"深厚的理智根源"，尽管他并未明确主张这是产生焦虑的唯一根源。更进一步，麦克道威尔指出，"那些需要安静下来、需要恢复到清醒状态之中的声音并不是外来的，它们表达的是他在自身之中所发现的冲动，或者至少是他能够想象他在自身中所发现的冲动"。在此意义上，麦克道威尔似乎从近现

---

1. J. McDowell, *Mind and World*, London: Harvard University Press, 1996, p.177.

代哲学所崇尚的一种"纯粹的隔绝状态"转向了一种柏拉图主义视角下纯粹内生性的融合过程,后者并未摆脱一种实质哲学的辖制,因为这种内生性的融合有赖于将所谓哲学焦虑的刻画嫁接于一种实质性的本体承诺。[1]

正是在这个意义上,"自然化的柏拉图主义"并非与维特根斯坦的哲学意图步调一致,它在方法论层面上暗含一个与精神分析相似的演进结构,后者正是维特根斯坦所着力拒斥的一种实质性哲学所拥有的可能外观。概言之,"自然化的柏拉图主义"被标识为某种有关秩序的"自由联想"(free association)的最终目的,由此返回,便会遭遇一个阻止秩序想象的"断裂",即理性与自然的二分,这种断裂源于一个深刻而隐秘的意图——人的彻底祛魅或自然化。因此,麦克道威尔的治疗策略的核心在于,他在一种建构性的实质运作中承诺了上述这一准病理结构的基本叙事。诚如精神分析依赖"无意识"这一本体承诺,"第二自然"同样面临向承载特定话语形式的理论框架坠跌的风险。因此,麦克道威尔哲学治疗的本性仍然是一种更新了的理论构想,而非一种实践指引下的"意志转变",后者乃是维特根斯坦哲学治疗的核心主旨。

在更深层面上,这一对维特根斯坦哲学意图的偏离折射出两者关于哲学研究之本性的根本分歧。对于麦克道威尔而言,尽管他强调哲学的要旨在于对一种哲学焦虑的识别与拒斥,但是他仍然隐秘地赋予了这种焦虑某种建构性的实质结构。基于此,他将

---

1. J. McDowell, *Mind and World*, London: Harvard University Press, 1996, pp.177-178.

哲学研究与一种现实的教化相连,即将一个人类个体从一种单纯的动物生活模式中解放出来,让其成为"一个羽翼丰满的主体,并向世界开放"。他由此为自然语言赋予了一个行动导向的激进属性:

> 真正重要的语言特征是这样的:一个自然语言,人类成员最初被引领进的那个语言,充当着传统的一间仓库,即关于什么是什么的一个理由的这件事情的历史积累下来的智慧的贮藏室。这种传统遭受了继承它的每一代人所做的反思性修改。其实,要从事批判性的反思的长久的责任本身就构成了这种观念继承的一部分。但是,如果一个人类成员终究要实现他的这样的潜能,即能够在这样的承继中占有一席之地——获得一个心灵、获得思维和有意图地行动的能力,那么首要便是他被引领进一个现行的传统之中。[1]

所谓"激进性"的要旨在于,在概念秩序的自发性运作中包含着用以锻造人类自由品格的重要符码。基于此,一种源自现成状态的自然潜能通过语言被引领进日常的行动领域中,从而将现实化为一个自由的确定状态。在麦克道威尔那里,一种实质的自然样态通过概念能力的动态重塑从而步入另一个同样实质的确定状态、一个可欲的规范秩序的确定状态,这是去除一切哲学焦虑

---

1. J. McDowell, *Mind and World*, London: Harvard University Press, 1996, p.126.

的基础，亦是导向一种"寂静论"立场的重要驱力。进一步，该模型同样暗示了如下一点：就平息哲学焦虑而言，寂静论立场需要一个反思性的回退视角，通过对思想与实在交汇于意义领域这一"维特根斯坦的自明之理"的观照，看清那些滋生焦虑的种种事项事实上不存在任何神秘之处。但是，麦克道威尔的哲学模型对维特根斯坦来说是异质的。维特根斯坦明确地意识到哲学研究所秉持的去除任何实质事项的本性，就其根本而言，哲学研究是一种纯粹的"概念研究"：

> 概念研究做些什么呢？是否它是一种对人的概念的自然史的研究？我们说，自然史描述的是植物和动物。然而，难道它不可能是这样的吗？即人们对植物进行十分细致的描述，直到此时某人才看出它们的结构中的那些以前未被注意到的相似之处，因此，他才在这个描述中提出一种新的秩序。（RPP1:950）

但是，维特根斯坦的观点很容易被误解如下：将概念研究等同于一种"自然史"考察，仿佛存在某种特殊的逻辑通道，能够将隶属概念事项的内容转译为自然事项的内容。显然，这种解读将概念与自然截然对立，而一种自然史考察就在于复现概念事项摹刻在自然事项上的相关纹理。在知觉经验的层面上，这就好像"把一个概念带给所见之物，把这个概念与这个所见之物摆在一起加以观看，尽管概念本身几乎是看不见的，可是它毕竟在那些对象之上铺上一层井然有序的薄纱"(RPP1:961)。重点在于，概念与自然相分殊的本体假定导向了一个用以保证概念规范性的"内容"观念，后者为隶属人类的诸事项（比如意义、理解、思想、行动等）施加了某种实质的控制，诚如特纳（S.Turner）所指出的：

> 存在一种包含着规范性的被称作概念内容的真实之物，并且思想、理解等根本而言都不可避免地成为一种规范概念。如下这样的观点并没有多少新奇之处：概念领域有别于自然领域。然而，这些论证实质上在它们声称要为规范性给出某种说明时便会面临一定的风险，认为这种规范性包含某种形而上学的内涵，后者对于作为一个虚构的存在（being）范畴的"规范性"的必定实存（existence）提供了一些说法。[1]

特纳针对概念规范性的评述提供了一个重新审视麦克道威尔偏离维特根斯坦哲学的重要角度。前文指出，麦克道威尔意识到规范与自然的对立在近代哲学观念及其焦虑症中所起的关键作用，但是在他试图将一种柏拉图主义内涵注入自然化的运作时，实际上就在一种统一性的"内容"条件下，将那种因本体隔绝而产生的差异置换为自发性与接受性这两种不同能力的行使。问题在于，麦克道威尔在此只在两种能力之间简单地植入了一个同质化的对

---

1. S. Turner, *Explaining the Normative*, UK: Polity Press, 2010, p.97. 译文参考［美］斯蒂芬·P. 特纳：《解释规范》，贺敏年译，浙江大学出版社 2016 年版，第 111 页。

称结构，这在一定程度上同样遭遇到特纳针对一种规范力量的特殊运行及其附加特性的如下指摘：

> 就诸如意义概念或概念内容这样的古怪事项而言，其背后隐含着这样一个重要问题：在自然化的解释（比如倾向）与被解释项之间存在某种隔阂、附加的意义，或者一种断裂。问题关涉诸倾向或任何其他东西何以能够提供某种解释：倘若它们将法则解释为一种包含约束的规则体系，它们便无法说明这些规则何以是必须的。这就似乎要求某种额外的东西，即一种规范力量。这里，我们似乎通过做出上述区分从而创制了某种虚幻的超越解释的本体环境，后者包含一些神秘的特性。然而，究竟是什么促使我们承诺本体环境的必要性？[1]

正是在此，麦克道威尔忽视了维特根斯坦的一个至关重要的洞见。在维氏那里，概念秩序的日常运行从来不是一种单纯的自发性与接受性的合力施压，而对于概念规范性的理解也并不总是单纯认知性的，后者通常诉诸一种确定性信念的体认。维特根斯坦指出，"我与现象的关系是概念的一部分"（Z:543），概念研究旨在基于复杂、多样的具体语用实践而综览其中特定概念间的局部关联，看清其中的相似性和差异性，并就其塑造我们生活特定片段的方式给予详细检视，从而获得一种理解。因此，"生活形

---

[1]. S. Turner, *Explaining the Normative*, UK: Polity Press, 2010, p.17.

式"在维特根斯坦那里并非一个类似"逻辑形式"或"理由空间"的单纯的实质规范系统,概念毋宁说是规范秩序在日常生活的棱镜中所折射出来的阴影,维特根斯坦将其称为一种"背景"。我们根据一种活动在人类生活中的背景来判断这种活动,"这种背景不是单色的,我们可以把它想象为一个非常复杂的、由金属线绕成的模型,虽然不能复制这个模型,可是能够根据它所产生的一般印象来识别它"(RPP2:624)。

在此,维特根斯坦旨在从根本上重新审视如下方法论观念:特定的本体承诺决定着相应的秩序构想。他指出,我们无法在一种本体环境的识别与概念秩序的构想之间划分出一条独立明晰的界线,而事实上两者本身就拒绝这种简化的二分:在环境层面上,无法在现成性与日常性之间单纯地进行切割;在概念层面上,无法将其简单地还原为自发性与接受性的合力运作。这一洞见暗示出我们无法为概念的生成提供一种一般性的解释。一个领域中相关概念的形成依赖于和其他一些相距甚远的概念之间的相似性,比如作为动词的"相信"(glauben)牵连着"打击"(schlagen)一词的变位。一个概念的生成呈现为一种无边界的拓扑形态,它并不严格局限于特定的经验界限。诚如维氏所强调的,"背景是生活的一种概念标示的传动器"(RPP2:625)。显然,"传动器"隐喻暗示着某种源自生活之不确定性的条件,因为"只有通过不停地重复才能产生传动器,而就不停顿的重复而言,没有任何特定的开端"(RPP2:626)。进一步,不确定性同时意味着一种处于生活背景中的"变异性"(Variabilität),某种关乎行动自身的不断重塑、相互纠葛的本性，而"潜藏于各种不同活动中的那个背景决定着我们的判断、概念和反应"（Z:567）。

因此，对维特根斯坦而言，麦克道威尔欲图用"寂静论"立场来刻画的那种哲学特性毋宁说是对如下意志品质的觉识：依靠单纯的理论反思并不能为概念的形成提供一个发生学意义上的完备分析和说明。诚如前文所指出的，一种"精神地缘性"的觉识最终表明这种完备性信念从根本而言是一种理智幻觉。"语言游戏的起源不在深思之中，深思是语言游戏的一部分。因此，概念在语言游戏中犹如在自己家中一样。"（RPP2:632）语言游戏的自主运行在某种意义上例示了概念秩序的动态运行，但是这并非意味着两者之间存在一种实质的推定性关联。维特根斯坦由此强调概念研究与一种自然史考察有着根本的不同：

> 如果可以自然事实中为概念的形成找到根据，那么对我们的概念形成的描述其实并非一种伪装的自然科学；在那种情况下，是否我们应当关心的不是语法，而是自然界中那些作为语法基础的东西？诚然，我们感兴趣的是我们的语法与普遍自然事实的对应。可是，我们的兴趣没有退回到这些可能的原因之上。我们不研究自然科学：我们的目标并不是对某种事情做出预言，我们也不研究自然史，因为，我们为自己的目标杜撰出一些自然史事实。（RPP1:46）

维特根斯坦指出，这种将概念研究还原为一种自然史考察的倾向依赖一种根深蒂固的基本信念：不同的自然事项对应不同的概念事项。因此，当面临一个处于不同概念系统的人无法理解我们通常所理解的自然事实时，我们就会"'自然地'杜撰一些与现存的自然事实不同的一般自然事实，杜撰一些与我们的概念形成不同的概念形成"（RPP1:48）。因此，哲学研究的要旨并不指向任何实质性的理论推断，语言游戏纷繁的运行状况"迫使我们不得不在广大的思想领域向着四面八方纵横交叉地周游，哲学评论就好像是一大堆在这些漫长而繁杂的旅行中所创作出的风景素描"（PI:preface）。哲学研究就其本性而言，乃是一种具体持久的概念操练与智性教化，"在哲学中不允许中断任何思想疾病，这种疾病必须走完它的自然历程，缓慢的治疗是最重要的"（Z:382）。就此而言，麦克道威尔在诊断哲学焦虑的过程中错失了维特根斯坦的一个关键要旨。如前所示，麦克道威尔仅在一种"哲学冲动"的层面上来实施治疗，强调使这些冲动获得一种暂时的平静。但是，思想的疾病并非仅仅具有"深厚的理智根源"，它还植根于我们的精神和意志中，是一种寄生在概念阴影下的"自然的迷乱"，并且随着概念运行的实际状况不断发生形变和转化。因此，哲学疾病就其本性而言并不存在一个纹理清晰的病理结构。

麦克道威尔对于概念运作方式的探究重新确立了经验领域的内在规范性及其确定性机制，他通过重启"第二自然"的规范意蕴，刷新了关于近代以来本体承诺与秩序构想之间关系的理解模式。更进一步，这一理解方式在更广阔的理性背景中得到了有力的拓展：它消解了人们对于先验秩序的迷恋，而将人拉回到实现其自身理性品质的行动教化中。通过揭示立足于行动摹状的规范形式，他促使人们看清内在于自身的自律品格，并自省其界限所在。就此而言，麦克道威尔无疑在实施着某种意义上的"祛魅"。不过，他仍然隐秘地贯彻了一种准理论化的哲学策略，这在更深层面上制约了规范性议题的真正要义。进一步，试图松动规范与自然之间实质性分割的努力牵扯到规范秩序的确定性问题，而在方法论层面上，对于一种实质要素的分析最终连接着对一种语用秩序的深度反思，这无疑是来自维特根斯坦心理哲学的一个基本教导。在此视域下，概念秩序的规范性问题最终指向有关行动之客观性内涵及其密切牵连的因果秩序的深度反思。

五、"沉默"的伦理应许

实际上，麦克道威尔眼里"寂静"的维特根斯坦从更深层面上触及一个贯穿维氏整个思想生涯的核心主题，即"沉默"及其伦理品质，言说与沉默的永恒张力则始终吁求关于语言与行动之间的关系的系统质询。[1] 就此而言，在语言迈向哲学之境的漫长历程中，维特根斯坦毫无疑问提供了最具决定性的校准：语言不是单纯地传达"惊异"辨明"存在"的逻各斯，而是引发存在之惊异的肇端。简言之，语言竟言说。于是，哲学旨在借以语言裁定语言，悖论昭然若揭。就此而言，维特根斯坦艰苦卓绝的智性征程无不构成对此悖论的反应，其策略在于复现一种潜存其后的伦

---

[1] 一份有关维特根斯坦的"沉默"主题及其伦理性质的系统讨论参见刘云卿：《维特根斯坦：从沉默到沉默》，广西师范大学出版社2022年版。

理意蕴：悖论预示哲学问责，后者指向言说的限度。语言的自指困境由此转换为语言形变的异质化问题，哲学之境相应地逆变为哲学之镜。其中，言说、传达与辨明皆收敛为镜像，象征其共性的镜面则承载着某种关键的摆渡机能，维特根斯坦以一种"克制的刻意"[1]口吻冠名"沉默"。正如镜像在虚拟与实在之间的双重摆渡，在语言形变的异质化过程中，沉默同样被赋予了某种共时的双线侦测：既图绘沉默的逻辑纹理，同时勘探逻辑的沉默质地。鉴于此，一种维特根斯坦式的"沉默伦理"恰恰旨在度量沉默复杂的摆渡轨迹，绵密的演示与孤绝的定格接踵而至。

事实上，麦克道威尔接续塞拉斯"所予神话"的讨论蕴含着如下深层缘由："所予"毋宁说是在昭示着一种隐藏在近代哲学中的深层悖论，即言说不可言说之物。这点启发我们看到，维特根斯坦"打动"麦克道威尔之处就在于包含在维氏哲学中的某种深刻的悖论特征。的确，对于维特根斯坦而言，一切始于悖论。如果《逻辑哲学论》是一次悖论，那么《哲学研究》则无疑是一串悖论。悖论势必引发哲学的焦灼，一如对"战斗"的维特根斯坦而言，攻击必定伴随伤亡，因此防御必不可少。维特根斯坦将其自我防御诉诸"身份的含混"，同样的策略分别被挪置在《逻辑哲学论》与《哲学研究》的多重自指中：前者是拒斥伦理言说的"绝望之书""倒立的金字塔""被困大海的礁石"以及"极端的飞行者"[2]；后者则是"无神的渎神"、奏响魔笛的"驱魔""迷路的骑手"以

---

1. 刘云卿：《维特根斯坦：从沉默到沉默》，广西师范大学出版社2022年版，第151页。
2. 同前，第41、59、53页。

及"否定的精灵"[1]。防御的共性无不指证悖论的魅影,而"沉默"在其中承载着一种至关重要的进阶:伴随哲学始于逻辑与沉思,归于行动与生活,悖论亦在沉默的摆渡中吁求自身的解禁。

对于《逻辑哲学论》,如果全部使命在于实现一次悖论,那么哲学的要务就指归于显明生成悖论的逻辑结构。悖论触动思想的惊异,所惊之处在于"异",而维特根斯坦的创举在于,他在悖论的逻辑否定中嵌入了沉默的质地。由此,"惊异"转化为逻辑的"异质",后者表征逻辑的失落,于是哲学的任务被进一步地收缩为一种趋向沉默的"功能性划界"[2]。作为典型的防御,"划界"成就了"世界"及其界限,同时将言说禁锢在逻辑的铰链中,因此,逻辑建构在沉默的摆渡中趋于沉默。正是在此双重消解中,《逻辑哲学论》以其致命的停滞响应着沉默的伦理诫命:奔赴星辰的幻象只是一次"无人的行动"[3]。"转折"伺机而动。

着眼于传播、力度、质地,抑或意义,维特根斯坦的"转折"均展露出某种戏谑的眩晕。对此,作者诉诸一种关乎"实在趋向虚拟"的极简素描:先是"意义"的转折,而后触发"转折"之转折,最终归于"风格的差异"[4]。问题无关乎重构转折的逻辑属性,而在于临摹悖论之异质本身的形变。"颜色不相容"例示逻辑

---

1. 刘云卿:《维特根斯坦:从沉默到沉默》,广西师范大学出版社2022年版,第15、97、104页。
2. 同前,第6页。
3. 同前,第7页。
4. 同前,第64页。

的认定与陷落，而基于逻辑划界的"异质"随着风格的差异逐步地流转为虚拟的"异形"，后者既是姿态的现象，也是现象的姿态。于是，风格仍有赖沉默的测定，因为就现象的异形而言，风格即沉默。"转折"中的维特根斯坦践行"沉默的风格"无疑是其生涯中最具影像质感的时刻，他淋漓尽致地演绎着逻辑与伦理、实在与虚拟之间的原始张力。那些"丢失的年月"、词典、奥特塔尔（Otterthal）和库德曼大街19号，均堪称维特根斯坦的"自我毁灭的试验场"，它们既洗刷着《逻辑哲学论》的耻辱，也启示着新的罪责。

随着"误入荒岛的鲁滨逊"[1]返回日常，悖论本身零落为一连串标示行动之异形的提示物。对于"语法""游戏""规则"，抑或"家族"，使用一俟偏离常轨，悖论旋即而至。因此，《哲学研究》毋宁说是一部关于悖论的影集，并且"在无形之间，以哲学的名义展开着对哲学的变形"[2]。伴随着对理智与沉思的弃绝，哲学唤醒情感与意志的"夜游"，后者在语言隐秘地"自行其是"中最大限度地接续着沉默的品格：始于逻辑的归宿，经由现象的风格，终归行动的姿态。就此而言，作为残篇的《哲学研究》既象征行动的自制，也预示悖论的解禁：哲学仅"体现在语言中，而语言无处不在"[3]。作者借助"战斗与操练"的行动姿态，精细地测绘了无所不在的平衡由以展开的伦理地基。平衡犹如对"钢丝艺人"-

---

1. 刘云卿：《维特根斯坦：从沉默到沉默》，广西师范大学出版社2022年版，第79页。
2. 同前，第98页。
3. 同前。

般关乎生死，相较经验的偏离，"经验的摆入"[1]要求同等的警惕。直面生活之流，幸福全系于此，正如大海是水滴唯一的通途。

　　哲学归于行动，行动归于生活，悖论由此解除异质的衣冠，因为"悖论无异于生活本身"[2]。于是，关乎世界的逻辑有限度地转化为具体可感的伦理宿命："成为人"。作为一种智性驱魔和精神操练，哲学无疑是一种"自我技术"或"疗法"。重要之处在于，作者从中辨识出一种隐性的退却，即一种必然的人的背离。在逻辑的审下下，"非人"的宿命注定冲破生活的平衡，再次坍缩为一种异质的沉默：于《逻辑哲学论》而言，"唯我论"无疑是人在消解之际发出的最后一道尘烟，它在《哲学研究》中借由感觉化身为一种自我吞噬的"私人语言"，后者堪称浮寄孤悬的"非人"所自我颁发的勋章。有鉴于此，"成为人"旨在表达愿望而非记录实现，背离表征一种人性的张力，既指归于人的消解，同时启动对神的叛离。"'应许之地'就在脚下"[3]。太初有行，唯有秉持作为行动涂层的沉默，人方能在"飞旋的生活"中寻觅应许的坐标，后者标示"确定性"的真实质地。同样，作为一种预演，在"从沉默到沉默"的行进中，维特根斯坦正以同等飞旋的笔触测定着沉默自身的应许之地。

---

1. 刘云卿：《维特根斯坦：从沉默到沉默》，广西师范大学出版社2022年版，第122页。
2. 同前，第137页。
3. 同前，第142页。

第四章
实践逻辑的客观性

> "普遍解释的主张构成了似科学的标志。"
> ——雅克·布弗莱斯[1]

麦克道威尔对维特根斯坦的重构表明,概念实践的确定性依赖于一种在自律的自然化运行中所实现的规范秩序的动态平衡。如前文所述,麦克道威尔的解读涉及一个关键的线索,即某种存续在亚里士多德实践哲学与维特根斯坦心理哲学之间的深刻关联。在一定程度上,这种思想关联与承继构成了 20 世纪后实证主义语境下社会科学方法论探究的关键资源。因此,重点就在于恰当地评估两者之间的内在联系。在当代分析性智识背景下,亚里士多德实践哲学的相关要件在维特根斯坦哲学视域下转换为行动哲学的相关命题,这点显著地体现在对"实践推理"(practical inference)逻辑特性的哲学重塑中,进而在维特根斯坦心理哲学中深化为对行动客观性内涵的反思,以及有关概念秩序之内在联动特性的解析。关键问题在于,澄清辩护语汇的实际效能所深度依赖的复杂实践及其包含的某种非实质的规范品格,后者涉及对

---

1. J. Bouveresse, *Wittgenstein Reads Freud: The Myth of the Unconscious*, Princeton: Princeton University, 1995, p.xii.

于因果秩序的全新审视。

实际上,这一哲学旨趣明确体现在"二战"以后最为重要的三位维特根斯坦学者的工作中:安斯康姆[1]对于"实践推理"逻辑特性的重塑;温奇对于社会行动客观性的规则分析;冯·赖特[2]对行动论因果秩序的系统澄清。他们均从不同角度阐发了维特根斯坦在七十年代以来的实践哲学转向中所促发的一系列深层共识。如前所述,从20世纪30年代对"精神"的重申中不难看出,维特根斯坦始终将以科学精神为主轴的欧美文明视作一个主要的批判标靶。这点在方法论上体现为对一种语法批判或概念考察(conceptual investigation)的强调,以此来区别作为科学方法核心的事质探究(substantial inquiry),后者的主要目标在于揭示探究对象的因果机制。如前所述,哲学策略的转变随附着某种基于"逻辑-伦理"张力的精神意志的重塑,在科学语境中,这一紧张性聚焦于对因果秩序及其解释机制之普遍有效性的抗衡,而应对这一挑战的方式在于重估意向维度的复杂性与开放性。

在某种意义上,正是在因果与意向的关系问题上,引发了一种有关实践逻辑的全新审视,并且在一种新亚里士多德主义的语境中具体化为对一种"实践推理"(practical inference)及其客观有效性的系统探究。进一步,透过"实践推理"这一特殊端口,我们获得了深入探查哲学统一性之内在要素的关键线索,即在日常

---

1. G.E.M. Anscombe, *Intention*, Oxford: Basil Blackwell, 1957.
2. G.H. von Wright, *Explanation and Understanding*, London: Routledge, 2012. 本书所引译文参考了[英]冯·赖特:《解释与理解》,张留华译,浙江大学出版社2016年版。

实践界面上，这一考察关联于实践逻辑内在特性的一种全新理解：以因果性与意向性为主轴的传统视角在维特根斯坦哲学的淬炼下转换为以日常性与现成性、相似性与陌生性为基点的当代视角。伴随这一理解的转变，对于实践逻辑之客观性的确证就从一种系统的行动分析转向一种具体的日常实践分析。

一、实践推理：因果、意向与规则

在某种程度上，亚里士多德实践哲学在现当代智识表达中的复兴与重构是一个极其复杂的哲学战略，其背后是那个19世纪中叶以来围绕伽利略实证主义精神与源自亚里士多德传统的反实证主义精神之间长达一个多世纪的不断对峙与交融的经典叙事，而该论争与晚期维特根斯坦哲学之间的深层共振在其中又至关重要。实际上，前述三位维特根斯坦学者的工作在某种意义上即是这一向度的系统展开。这些工作一方面均依赖于一种冠以"维特根斯坦主义"的哲学灵氛，另一方面，它们均触及哲学与社会实践的复杂关联，进而在因果性维度下，在关于行动客观性的反思中得到了某种强化、增殖和变形，并最终指归于有关日常实践之复杂性内涵的哲学剖析。

众所周知，所谓"后实证性"包含两个彼此牵连的智性运作：一方面，对近代自然科学的"解释"（explanation）模型及其方法论上的一元论给予哲学的反思；另一方面，对人文社会科学中所确立起来的"理解"（understanding）模型及其心理内涵给予系统的澄清。冯·赖特指出，在方法论上区分"解释"和"理解"的一个重要向度正是在于对这种内在于理解的心理内涵的反思，后者并非单纯地意指某种基于"共情"（empathy）的心理学暗示，它在更深层面上触发了一种基于语义规范的意向维度：

> 理解之区分于解释，并非仅仅是通过某种心理学暗示。理解同时以一种解释所不具有的方式与意向性相关联。人们对于主体（agent）的目标和意图、指号或符号的意义以及社会建制或宗教仪式的含义给出理解。理解的这种意向性的或语义学的维度在新近的方法论讨论中开始扮演一种显著的角色。[1]

重点在于，正是这一有关理解的"意向-心理"语义内涵构成了共置维特根斯坦与亚里士多德基本条件。概言之，维特根斯坦关于因果性的概念审视在实践推理中纳入了一个"意向-心理"的理解框架，后者在当代行动哲学中的具体运行显明了实践推理本身的复杂特性。诚如马丁（R. Martin）所指出的，维特根斯坦为重启亚里士多德实践推理传统提供了一个行动分析的重要视域：

> 不夸张地说，维特根斯坦的相关主张，尤其是他对行动因果理论的批判，为当代关于行动的讨论和解释提供了某种至关重要的语境。这种影响体现在不同的层面上，并且显著

---

1. G. Wright, *Explanation and Understanding*, London: Routledge, 2012, p.6.

地体现在赖特和安斯康姆这两位著名的维特根斯坦门生的著作里。他们秉持维特根斯坦的相关见解,将其深化为一种所谓的"实践推理理论",通过这些工作,他们将维特根斯坦的相关考虑凝练为一种关于行动的非因果论的(non-causalist)说明。[1]

前文指出,诸如罗素等人所主张的因果理论是维特根斯坦拒斥实证主义的一个重要标靶。这类理论的一个核心特征在于均牵扯到意向解释的问题,即力图通过诉诸某种思想与对象之间的因果联系来为行动的意向性提供某种"一般性的科学上可接受的系统说明"[2]。维特根斯坦批评这一观念,其要旨可刻画为两点:其一,诸如意愿、期许、欲望等意向样态及其实现均是在语言中发生联系的,后者既包括意向主体的自我表达,也涉及对这些意向样态的观察性描述;其二,使得意向样态得以理解的方式并不取决于通过某种特定内在意向状态的指归所确立的因果联系,而是取决于产生意向样态的具体情境、特定条件以及意向语汇得以运行的生活背景。关键在于,这一有关因果理论的见解与意向性说明在方法论层面上为我们提供了一个理解人类行动的重要视角:

> 维特根斯坦对于行动哲学最为重要的贡献在于他对诸如

---

1. R. Martin, "The Problem of the 'Tie' in von Wright's Schema of Practical Inference: A Wittgensteinian Solution", *Acta Philosophica Fennica*, vol.28, 1976, p.326.
2. W. Child, *Wittgenstein*, London and New York: Routledge, 2010, p.135.

欲望、意图、信念、理解、意味等"命题态度"在表达人们活动时所起作用的讨论。在他看来，在行动语境下，将这些命题态度视作一些过程或事件是一种误导，因为它们的意义源自那些围绕行动主体的"背景"，而非任何处于特定时空节点上的东西。命题态度毋宁说是拥有一种"整全性"(global character)，它们必定镶嵌在人类活动的广阔背景中，镶嵌在其社会历史经验及其未来的筹划中。[1]

意向的重启构成维特根斯坦实践哲学的一个重要内容，这点显著地体现在安斯康姆的解读中。诚如冯·赖特所强调的，安斯康姆的重要贡献在于"她观察到了在某一描述之下的意向性行为在另一描述下未必就是意向性的，由此，某个已知行为如何描述即理解成为一个行动，这给它的解释带来了很多不同"[2]。因此，"解释"与"理解"之间的传统区分在后维特根斯坦实践哲学语境下获得了某种全新的内涵，这点集中体现在安斯康姆对于实践推理之逻辑特性的方法论的重塑中。在她看来，实践推理是"亚里士多德最伟大的发现之一"，但是在后来的哲学中遭到了忽视，这缘于亚里士多德对该主题的处理其本身不成体系，因此需对其进行某种方法论上的重构：

  三段论的大前提提及某个所想要的东西或行动目的；小

---

[1]. F. Stoutland, "The Causation of Behavior", *Acta Philosophica Fennica*, vol.28, 1976, p.285.
[2]. G. Wright, *Explanation and Understanding*, London: Routledge, 2012, p.26.

前提将某个行动与这种东西建立联系，大致作为通往那种目的的一种手段；最后的结论在于运用这种手段去获取那种目的。这样，就像理论推断中肯定前提能必然导致结论的肯定一样，在实践推断中，对于前提的认同隐含着与之相符合的行动。[1]

安斯康姆强调，实践推理并非一种演证（demonstration）的推断形式，它并不类同于证明式三段论。冯·赖特赞成并强调了其基本主旨所包含的方法论启示。他指出，实践推理为人文科学的解释提供了覆盖法则模型的一种替代模型，宽泛而言，"归类理论模型与因果解释及自然科学解释的关系，就是实践三段论与目的论解释及人文社会科学解释的关系"[2]。因此，尽管如何恰当地评估安斯康姆通过对实践推理的重启为突破实证主义与反实证主义之间的争论提供了哪些实质要素仍有待探究，但是她无疑开启了当代分析哲学中的一个重要旨趣，即基于实践推理，就行动分析的客观性内涵予以方法论上的反思。

在此背景下，温奇的工作可被视作一次相对系统的回应。其基本要旨在于，通过与自然科学原则上不同的一些方法来理解社会科学。他据此赋予哲学研究某种独特的方法论地位：

哲学探究的目的在于帮助我们理解"可理解性"这个概

---

1. G. Wright, *Explanation and Understanding*, London: Routledge, 2012, p.27.
2. Ibid.

念所涉及的东西，这样我们就可以更好地理解，实在是可理解的这一说法的意思是什么。诸如科学哲学等任何学科的哲学，在其所关心问题的起源的范围之内，应被视为自主的，而不是寄生在科学之中的。科学哲学的原动力来自哲学而非科学，它的目标不仅仅是否定性的，即去清除知识道路上的障碍，也是肯定性的，即增加对关涉可理解性概念中的东西的哲学理解。这些观念间的差别不只是文字上的。[1]

在此，温奇聚焦于维特根斯坦的"规则"论题，通过对规则在塑造社会行动过程中所发挥作用的阐发，力求在社会事项的表达与理解中确立相对稳固的语义准则。由于这种概念分析的方法论特质，温奇很多时候被批评为旨在确立一种先验社会科学的企图，即一门通过先验方法来解释和理解社会现象的学科：

> 温奇的工作可以说是集中在社会行为准则这一问题上。社会科学家必须理解"行为予料"（behavioral date）的"意义"。他要整理那些行为予料以便将其转变为社会事实。他用一些概念和规则来确定关于所研究主体的"社会实在"，又根据这些概念和规则来描述解释那些行为予料，由此便达到了那种理解。对于社会行为的描述和解释必须运用与社会主体相同的概念框架。出于这一理由，社会科学家不可能像自然

---

1. P. Winch, *The Idea of Social Science and Its Relation to Philosophy*, New York: Humanities Press, 1958, p.19.

科学家那样置身于研究对象的外部。可以说,这点乃是有关"共情"的心理学说中概念原则的核心。共情式理解并非一种"感觉",它是指有能力参与到一种"生活形式"中。可以说,温奇研究了社会科学方法论的先验部分,因此,他的著作是方法论上的一种研究工作。[1]

冯·赖特指出,温奇的策略"过于强调规则对于理解社会行为的重要性,其中没有意向性和目的论的一面"[2]。这个指责在如下意义上是成立的,即试图基于规则在社会行动中确立一个推定性的实质辩护。按照温奇的刻画,通过我现在所做的事情承诺在将来做某件别的事情的观念,"在形式上同一个定义和被定义的词在随后的使用间的关系是同一的,由此可推论出,仅当我目前的行为是规则的运用,我才能通过现在做的事情承诺某件将来的事情"[3]。这个观点甚至在温奇那里获得了一个更激进的表述:行动分析必须赋予规则概念以核心地位,一切行动就其有意义而言都是由规则支配的。

不过,温奇的上述偏差并不能抹除其整体策略的有效性,即在维特根斯坦有关遵守规则的讨论中展示出的如下"最具中心特征的东西":"不是那些行为本身,而是行为所发生的社会语境,论证了语言与意义这类范畴的应用的正当性"[4]。他强调,这一见解

---

1. G. Wright, *Explanation and Understanding*, London: Routledge, 2012, pp.28–29.
2. Ibid., p.29.
3. P. Winch, *The Idea of Social Science and Its Relation to Philosophy*, Humanities Press, 1958, p.47.
4. Ibid., p.33.

为思考行动分析的客观性问题提供了至关重要的启示。众所周知，诸如休谟这样的传统因果论的行动解释认为，人类行为的目的是被人类感情的自然结构所设定的，而理性的职责主要是决定达到这些目的的方法，因此人类社会活动源自理性与激情的相互作用。但是温奇指出，这种观点过于简化了人类活动中目的与手段之间的复杂关系，实际上，两者均深度依赖于某种特定的社会活动形式，并且随着这些形式的动态重塑而不断发生变形、增殖与转化，因此，"人类活动的形式永远不能在一套明确的规范中得到概括"[1]。他借助卡罗尔（L. Carroll）著名的"阿基里斯与乌龟"的故事，将逻辑推理的延宕性拓展至关于行动辩护的自律性内涵的觉识：

> 这个故事的寓意在于，得出一个推论的实际过程是不能被表述为逻辑公式的某种东西。进一步说，一套前提推论出一个结论的充分理由就是看到在结论事实上确实是有效的。任何强调进一步的论证并非过分小心，它将显示出对推论性质的误解。学习推理不只是学习命题间明确的逻辑关系的问题，它是学习去做某件事情……原理、规范、定义、公式的意义都源于它们被运用于人类社会活动的背景。[2]

---

[1]. P. Winch, *The Idea of Social Science and Its Relation to Philosophy*, Humanities Press, 1958, p.52.
[2]. Ibid., p.53.

这一有关行动逻辑特性的刻画促使我们重新评估冯·赖特的指责。在关于行动的规则描述中，温奇的确主张，检验某人是否依规则行事并不取决于他是否有意识地运用了规则，也不取决于他是否能够明晰地表述这种规则，而在于"他对行为方式之恰当与否的区分是否与他的所作所为有意义地联系起来，只有在这样的联系有意义的地方，说他在行事时应用了标准才是有意义的"[1]。温奇假定，一个有意义的行动必定承诺一个基于规则运行的规范性描述，而意向在此描述下已被先行纳入规范的推理联系中，处于行动概念的内在联系中，并与行动紧密相随。关键在于，这个要点为冯·赖特潜在的忧虑提供了一个新的表述：概念之间的内在联系或者概念与行动间的逻辑联系，就其规范本性而言，拒绝一种单纯的因果描述，后者旨在刻画一种外部联系。因果就此被当作一个"问题儿童"，而被排除在行动概念之外。对于冯·赖特而言，温奇的策略无疑略显草率。

二、行动论与因果论

冯·赖特的整体战略旨在于行动分析中重置目的与因果两大古老信念，据此澄清实践推理的逻辑特性。不过，这并不意味着在两者之间植入某种朴素的辩证内涵。他指出，关键在于捕捉表面对峙下更深层的概念差异：

---

1. P. Winch, *The Idea of Social Science and Its Relation to Philosophy*, Humanities Press, 1958, p.55.

若认为真理本身明确地站在两大对立传统的某一边,这无疑是一种幻觉。这并非那种老调重弹,即认为两种立场都包含部分真理,在某些问题上可以达成一种折中。或许如此。不过,除去调和或驳斥两种可能性之外,还存在一种基本的对立。它被嵌入我们在做整体论辩时所选择的初始词和基本概念中。可以说,这种选择是"存在性的",它所选择的是一种不可能再进行奠基的视角。[1]

冯·赖特由此强调,在试图评价因果问题在科学解释中的重要性时需明确因果术语在使用中具有多重含义。一方面,在人类事务与自然事件中存在截然不同的原因概念;另一方面,在自然科学内部因果性也不是一个同质的范畴。人类事务与自然事件均可被视为一种呈现因果秩序的特定例示,而关键在于"因果概念在本质上与行动概念相连"[2],他据此尝试刻画一种"行动论的"因果概念。

那么,因果概念与行动概念在何种意义上彼此相连?这一问题首先涉及冯·赖特对于本体环境的基本承诺,即一个"状态空间"(state-space)的确立。他重新启动了维特根斯坦在《逻辑哲学论》中所刻画的那个模态世界的概念:

假设某一场合下的世界总体状态可以通过规定某一状态

---

1. G. Wright, *Explanation and Understanding*, London: Routledge, 2012, p.32.
2. Ibid., p.37.

空间中的任一给定成员是否在该场合下存续而得到完全描述。满足这一条件的世界，可以称为"TLP世界"……不容否认的一个事实是，作为世界的简化模型，维特根斯坦的TLP中的构想不仅本身很有意义，而且可用作解决逻辑哲学和科学哲学中众多问题的工具。我将全程采取这一模型，即将事态视作我们所研究的那些唯一的"本体论砖墙"（ontological building bricks）。[1]

冯·赖特进而将此模态世界中的某个片段定义为"系统"，在此意义上，"系统是由一个状态空间、一个初始状态、数个发展阶段以及每一阶段上的一组备选运动而予以界定"[2]。这一规定指向了一个"封闭系统"的观念，一方面，封闭性意指某个系统必定包含一组特定的条件性关系；另一方面，这种封闭性是相对的，即它就其中某些状态而言是封闭的，而非必然涉及全部的状态。显然，这就意味着在系统与条件性关系之间存在两种不同的关联方式：其一，给定一个系统，然后尝试刻画其中的条件性关系；其二，给出某个发生的有待解释的现象（事件、过程、状态），然后寻找一个系统，使得能在其中将此现象与另一个现象通过某一条件性关系建立起联系。

在此，冯·赖特的重构触及一个"TLP世界"未曾展开的要点：从某种"初始状态"进入一个特定的封闭系统，或者从某个

---

1. G. Wright, *Explanation and Understanding*, London: Routledge, 2012, pp.44-45.
2. Ibid., p.49.

可能的世界进入某个特定的现实世界,并不能仅仅依靠对一组条件性关系的线性推定过程的观察。事实上,它还深度依赖于某种基于理解的主动干涉。他指出,倘若我们对于那些接连的事件只能被动观察,我们将无法确定,在系统初始状态成为现实之前存在哪些充分条件能为它的出现负责,"能为我们提供此种确信的只能是主动干涉这一独特运作,即将一个否则便不会如此改变的状态改变为系统的初始状态"[1]。这点为如下问题提供了一个可能的方案:即我们如何学会把世界历史的某一片段从其周围的外部环境隔离成为一个封闭系统,同时如何认识系统内部所固有的那些发展的诸多可能性?这种认识,部分是通过一些行为产生出它的初始状态,然后观察后继的发展阶段,从而将系统置于运动之中;部分是通过将这些连续的阶段与源自不同初始状态的那些系统中的发展情况进行比较。冯·赖特由此强调,正是在将系统置于运动中时,行动和因果概念相遇了:"如果不求助于做事以及意向性地干涉自然进程这些观念,我们就不可能理解因果,也不能理解自然中的法则性关联和偶性齐一之间的差别。"[2]

因此,在简化版本的 TLP 模态环境中,一个特定行动的实施就意味着从系统初始状态之前的某个状态过渡到这个初始状态,其结果就是该初始状态。但是,这并不指向行动本身就是其结果的原因。事实上,"所做"(doing)的事情是行动的"结果",而"所引发"(bring about)的事情是行动的"后果",只有在从作为

---

1. G. Wright, *Explanation and Understanding*, London: Routledge, 2012, p.63.
2. Ibid., p.65.

行动结果的一个初始状态进入一个由诸效果形成的系统进程中时，才能根据其中的某些条件性关系识别出某种实质的推定性关联。这点也反向暗示了行动与结果之间的关联是逻辑的而非因果的，"如果结果没有成为现实，行动就还没有被执行，结果是行动的本质部分，把行动本身视为其结果的原因是一个严重的错误"[1]。

冯·赖特强调，行动与因果之间的概念联系事实上是非常复杂的，很难断定两者中哪一个是更基本的。如果将行动分析的客观性内涵具体到关于因果条件性法则关联的有效性辩护上，那么从上述的刻画中就可以获得一些至关重要的启示：首先，因果法则的确定性辩护在如下意义上无法到达一个最终的证成状态，即对于它们的确证并非通过单纯反复的观察，而是要将这些法则纳入一些具体的检验中；其次，这种检验的成功就意味着，我们懂得了如何通过做其他事情来做某些事情。换言之，"在多大程度上做事情或者引发事情，就在多大程度上确定了因果法则的真实性"[2]；最后，这种因果法则的真实性立足于从一个相对稳定的初始状态引发出一组特定的条件性关系，因此这是一种局部的真实。实际上，"初始状态"本身是行动的结果，它密切关乎所做的事情，并且随着封闭系统的转换而发生变形，并且初始状态还假定了一个可能的行动主体，它能在产生一更大系统的初始状态之后引发这一状态，同时，要想这一点得到具体的确证和支持，就必定存在一个具有此种能力的实际主体。因此，行动总是伴随着因

---

1. G. Wright, *Explanation and Understanding*, London: Routledge, 2012, pp.67–68.
2. Ibid., p.73.

果性（causation）与主体性（agency）之间的某种"竞赛"，诚如冯·赖特所言，"因果概念预设了自由概念，因为唯有通过做事情这一观念，我们才能把握有关原因与效果的那些观念"[1]。他由此指出，那种传统的"因果"与"自由"互相对峙的观念实际上包含着某种深层误解：

> 认为因果可能对于自由构成一种威胁，这种想法包含了很多经验真理。但是，从形而上学上看，这是一种幻象。这种幻象受到我们的一种思维倾向（可以说是在休谟精神的引领下）的滋养，即我们总以为，处于纯被动状态的人，只需观察有规律的承继性，就能获得因果关联以及链条式的因果关联事件。然后，人又根据外推法认为，这些东西遍及整个宇宙空间，从无穷远的过去一直到无穷远的未来。这种图景没有注意到，因果关系是相对于历史片段而言，这些片段都具有所谓封闭系统的特征。对于因果关系的发现，呈现出两个方面：主动的一面和被动的一面。主动性的成分是，通过产生一些初始状态而令系统置于运动之中；被动性的成分是，观察系统的内在状态而尽可能不去扰动系统。科学实验——人类心灵最为精巧和重要的设计之一——乃是这两种成分的系统结合。[2]

---

1. G. Wright, *Explanation and Understanding*, London: Routledge, 2012, p.81.
2. Ibid., p.82.

这里存在一个重要区分，即一种"行动论的因果观"不能混同于"关于行动的因果论"，前者旨在呈现一种行动分析的方法论内涵，后者则指向一种特定的基于法则性关联的方法论行使。冯·赖特指出，一种行动论的因果观有助于我们重新审视"行动"概念的复杂内涵，它揭示出行动所包含的两个面相："内部面"与"外部面"。"内部面意指行动的意向性表达，外部面则指向机体活动以及由机体活动在因果性上负责的某一事件"[1]，缺少外部面的活动被称为"心理的"（mental），而缺乏意向性的活动则被视作"应激的"（reflexive）。依据前述，一个行动的后果乃是其结果的后果，冯·赖特由此指出行动概念中意向性内涵与因果性内涵之间的复杂联姻：

> 构成行动外部面之统一性的并非联结多相位（phases）的因果联系，这种统一性之构成是通过将那些相位归在同一意向之下，前后那些相位之所以能成为同一行动外部面的一部分，是因为它们全都可以说是主体在当时场合下意向性地做出的……当行动的外部面包含有多个具有因果联系的相位时，通常可以挑选出其中一个作为主体意向的目的物，它就是主体意欲去做的那件事，是其行动的结果。此前的相位都是原因要件，而此后的那些都是行动的后果。[2]

---

1. G. Wright, *Explanation and Understanding*, London: Routledge, 2012, p.87.
2. Ibid., p.89.

由此，冯·赖特通过行动中意向与因果之间的不同关联方式重新界定了相应的主张：一个因果论者认为意向可以是某一活动的休谟式原因；一个意向论者则主张意向和行动之间的关联是一种内在逻辑上的联系。他认为，有关实践推理的有效性问题就牵涉到这一有关行动的内部面与外部面、意向论与因果论之间的关系。如果一个人认为经过正确表述的实践推理具有逻辑的约束力，那他所采取的就是意向论立场；而如果他认可因果论的观点，他就会主张，实践推理的前提的真能够在因果上确保其结论的真。这个分歧进一步可简化为如下关于"联结"的难题："实践推理的前提与结论之间的联结是经验（因果）上的还是义理（逻辑）上的"[1]？对此，冯·赖特指出，在实际的实践情形中存在一个显著的特征，即对于某个行动的外部面或其效果的证实往往并不足以达到我们的目的，我们同时必须将行动的目标定位在某一成就上（无论能否实现它）。由此，行动的确定性首先就在于确立"行动主体有某个意向以及关于获致目的之手段的认知态度"[2]。这就意味着，实践推理有效性辩护的重点在于其前提的证实而非结论。

根据前述"行动"概念，前提涉及某个"初始状态"的实现，而在此面临一种可能的诱惑：将初始状态置换为一个主体自身的"内在状态"，即意向主体认知态度的确立植根于对其内部状态的觉识。这个观点与维特根斯坦对于内省主义的批评相连。后者假定，我对于自身意向的知识基于我自身的反省知识、基于对我的

---

1. G. Wright, *Explanation and Understanding*, London: Routledge, 2012, p.107.
2. Ibid., p.81.

内在反应的观察和解读。对此,冯·赖特指出,"我对于自身意向的直接知识并不是基于对自我内部状态的反省,而我行动的意向性,即行动与达到某事之意向的结合却是基于自我反省"[1]。自省本身有赖于一个行动的启动,因此对于证实实践推理的前提而言毫无帮助,他进一步强调:

> 意向性行为类似于语言的使用。它是我借以意指某物的一种示意。正如语言的使用和理解预设有一个语言共同体一样,对于行动的理解预设有一个体制、惯例和技术装备的共同体,我们都是通过学习和训练而被引入其中的。我们或许可称之为生活共同体。我们不可能理解或从目的论上解释完全与我们相异的行为。[2]

显然,这一观念与维特根斯坦的相关要点密切相连,后者强调意向与实践关联的复杂特性:

> 比如,难道我不是在一个命题的开头便意向了其全部的形式吗?因此,在其被说出之前,它的确就已经存在于我的精神中了!如果它那时已经存在于我们的精神中,那么一般说来它不是处于另外一种词序之中。但是,在此我们又为自己描绘了一幅关于"意向"及其用法的误导人的图像。意向

---

1. G. Wright, *Explanation and Understanding*, London: Routledge, 2012, p.114.
2. Ibid., pp.114–115.

嵌入情形之中，嵌入人类习惯和制度之中。假定没有象棋游戏这种技术，那么我便不能意图玩一盘象棋。在我事先已经意向的命题形式的范围内，这是经由如下事实而成为可能的，即我能够讲德语。（PI:337）

意向在行动之中，这点暗示实践推理中前提与结论之间的相互依赖。如果我们能证实一组前提，那么它们就在逻辑上隐含着那个被观察到已发生的行为在结论中所给予它的描述是意象性的，因此，我们不可能在证实了这些前提的同时又否定其结论。不过，这并不意味着实践推理的前提在逻辑上必然会导出其结论。比如存在这样的情形，主体意欲引发某事，并考虑到为此目的有必要做另外某事，但实际上什么也没有发生。因此，实践推理的前提并非在逻辑上必然隐含与之相匹配的结论的存在。实践推理最终导致行动，它是实践上的，而非一条逻辑演证，"只有在行动已经出现而且构建了实践论证去解释它或为其辩护时，我们才具有一种逻辑上的定论。由此，实践推理的必然性是在事实出现之后所认识到的必然性"[1]。

显然，冯·赖特所谓行动论的因果概念密切依赖于《逻辑哲学论》的本体环境。他在 TLP 模态世界中撷取某个历史片段，将其定义为一个系统，并在其封闭特性的识别下指向一个"初始状态"的观念。由此，"行动"概念就被刻画为一种包含了初始状态

---

1. G. Wright, *Explanation and Understanding*, London: Routledge, 2012, p.117.

的达成，以及由此状态引发一系列后继序列的进程。在此行动概念下，实践推理的有效性就相应地被刻画为对在一个意向状态下引发一个具体实践的非推定性的规范性承诺。因此，行动分析便在如下意义上被赋予某种客观性内涵：因果论辩护"已经"包含了一个初始状态的运作，目的论辩护则"已经"包含了意向性的内在运作。但是，当作为"理想型"的"TLP世界"逐渐步入复杂的日常世界时，有关因果秩序的想象模型在策略层面上便面临《逻辑哲学论》自身的内在困境。简言之，日常性始终是一个横亘在行动分析面前的坚实壁垒。问题在于，如何在基于因果秩序的行动分析中启动日常维度？在此，维特根斯坦与精神分析的联动无疑提供了一个用来反思日常意蕴的重要参照。

三、"无意识"：因果性述梦

不无夸张地说，无论在方法论层面上还是就具体内容而言，精神分析均在维特根斯坦思想图谱中拥有一个至关重要的位置。在某种程度上，前文有关"精神地缘性"的觉识及其引发的哲学转折均密切地牵连着维特根斯坦对精神分析的深刻反思。事实上，一方面，对于精神分析与对弗洛伊德的兴趣贯穿于维氏的整个思想生涯："维特根斯坦的余生始终将弗洛伊德的著作视为他为数不多的必读品。在参与这些谈话的那个时期，维特根斯坦将自己热切地视为一个'弗洛伊德的信徒'或一个'追随者'"[1]。但另一

---

1. C. Barrett ed., *Lectures and Conversations on Aesthetics Psychology and Religious Belief*, Oxford: Blackwell, 1966, p. 41.

方面，维特根斯坦明确地指责弗洛伊德的精神分析理论，将其斥为一种"伪科学"、"一种说法"[1]（une façon de parler）、"一种危害"（CV:55）。这种态度上的摇摆印证了维特根斯坦对于精神分析影响力的重视和精神分析的复杂性，这点以最为显著的方式体现在"因果性"这一核心论题上。

对于弗洛伊德的工作，维特根斯坦在写给马尔康姆（N. Malcolm）的信中给出了明确刻画：

> 在我初读弗洛伊德时就被其深深吸引，他是杰出的。的确，他的思考飘忽不定，非常迷人，而他所思考的东西是如此非凡而让人着迷，因而很容易受其蛊惑。他总在强调心灵的伟大力量以及人们对于精神分析的偏见又是多么的根深蒂固。但他并未宣称其思想有多么巨大的魅力，就像对他本人所意味的那样。或许，人们对于其思想因揭露卑劣而产生强烈的偏见，但有时它的辽阔无垠要比其负面的东西迷人得多。除非你的思考相当清晰，否则精神分析是一项危险而不明智的活动，贻害无穷而收效甚微。当然，我并非贬低弗洛伊德在科学上的杰出成就。只不过，科学上的杰出成就为当下人们解构其同胞（他们的身体、灵魂，抑或智性）提供了某种通道。所以要坚守立场。[2]

---

1. J. Bouveresse, *Wittgenstein Reads Freud: The Myth Of The Unconscious*, Princeton: Princeton University, 1995, p.3.
2. N. Malcolm, *Ludwig Wittgenstein: A Memoir*, Oxford: Oxford University Press, 1958, p.39.

在此，耐人寻味之处在于维特根斯坦强调一种"科学上的杰出成就"。这点似乎与上述的批判态度相冲突。然而，正是在有关科学信念的侦测中，显明了维特根斯坦评估精神分析的一个重要方面：一种科学解释的理论诉求暴露出某种隐藏在精神分析中的强健的蛊惑力。基于这一点，德贡布（V. Descombes）刻画了维特根斯坦与弗洛伊德之间的一种深刻对峙：

> 对于弗洛伊德而言，把精神分析当作一种科学理论是异常重要的：一旦其缺乏一种科学的严谨，它便可能仅仅沦为一种说法，而"说法"一词在弗洛伊德的信徒那里总在一种贬义的语境里被使用。维特根斯坦并非意在提供一种新的说话或构思事物的方式，或提出一种新的表达系统，或制定某种科学理论。同时，他对创造严谨的结构缺乏兴趣。实际上，他巧妙且富于创造性地（的确，有时近乎天才般地）撷取了一幅强有力的图像，将其置于整个事物层级的核心地带。在必须受制于经验的科学活动与某种创制记号系统的想象活动之间产生一种系统性混乱时，维特根斯坦的诊断往往直击要害。普遍解释的主张构成了伪科学的标志。[1]

这种对峙的核心在于精神分析的科学化信念，即欲图从根本

---

1. J. Bouveresse, *Wittgenstein Reads Freud: The Myth Of The Unconscious*, Princeton: Princeton University, 1995, p.xii.

上突破哲学思辨与概念分析的方法论辖制。对于经典精神分析学家而言（尤其是在战后的法国），精神分析无关乎一种哲学的辩护或澄清，相反，一个哲学问题本身恰恰有赖精神分析的科学解释。这一信念强化了维特根斯坦在精神分析中所捕捉到的那种"神话"因素：

> 在精神分析对世界的征程中，和许多其他遭受其冲击的弗洛伊德的批评者们（比如克劳兹［C. Kraus］）一样，维特根斯坦面临同样的困惑，即精神分析真正的问题究竟在于其自身还是在于在当时以及现今我们对它可能的运用？他似乎承认或许存在一种对弗洛伊德理论的有效使用，但他认为那有赖于某种只在相当特殊的情形中才能满足其条件的经验证明，这些条件除了分析师的资历外，还包括大脑的状态以及患者的身份。不过很明显的一点是，我们并不能用批评神话结构的那种方式来指责通常用以反常规的险恶目的的科学手段。对于心智平庸者而言，至少对于那些无法抑或不想清晰思考的人来说，神话具有巨大的诱惑力，它因此也获得了一定的认同，而哲学恰恰反对这一点。[1]

在此，维特根斯坦意在强调，精神分析无关乎理论的证成或错谬，而毋宁是一种借以呈现哲学研究之本性的典型参照。精神

---

1. J. Bouveresse, *Wittgenstein Reads Freud: The Myth Of The Unconscious*, Princeton: Princeton University, 1995, p.xix.

分析的启示并非在一种始发性上，而是"在一种人类学及知识论意义上对我们所造成的冲击。而一个不争的事实是，该理论的解释可能在第一时间被人们几乎无法抗拒地接受了下来"[1]。这种令人"无法抗拒的"特性正是精神分析的问题所在，它借助"语词的虚幻力量能够逼真地模仿真实的事物，以致没有任何辨别性的语词的力量允许我们将真理和谎言区分开来"[2]。其中，最为典型的语词即构成精神分析大厦之基石的"无意识"概念。

弗洛伊德指出，对于"无意识"的理解依赖于无意识的运作本身，"只有在它经历变化或是转变成能被察觉的事物时，我们才能了解它，而精神分析的研究工作每天都向我们展示这种转变是可能的"[3]。事实上，这一由无意识向意识"转变"的观念恰恰将"无意识"推入了一个更加深刻的内在困境。我们将结合戴维森对"无意识"概念的因果论解读来尝试表明这一点。

戴维森主张，无意识乃是隶属我们整体心理结构的一个特殊部分，他称之为"第二心智"（second mind）[4]。他在心理结构中区分出"意识心智"（conscious mind）与"无意识心智"（unconscious mind）这样两种相互独立的层级，并假定在每一部分的中心，主体的信念、欲望以及行为均连贯地结合成一个整体，因而都有其

---

1. J. Bouveresse, *Wittgenstein Reads Freud: The Myth Of The Unconscious*, Princeton: Princeton University, 1995, p.xix.
2. 译文参考［美］希顿：《维特根斯坦与心理分析》，徐向东译，北京大学出版社2005年版，第26页。
3. ［美］里尔：《弗洛伊德》，邵晓波译，华夏出版社2013年版，第27页。
4. D. Davidson, "Paradoxes of Irrationality", in R. Wollheim and J. Hopkins, eds., *Philosophical Essays on Freud*, UK: Cambridge University Press, 1982, p.303.

特定的合理性。由此，所有那些无法被归为特定意识样态的行为均可被纳入这个连贯的信念整体，从而均可被加以合理化的解释，这些解释是"我们能够从施动者的角度认为事件和态度是合理的，因此，一种符合某种合理模式的合理性光环至少不能脱离这些现象，只要这些现象以心理术语被描述出来"[1]。

根据戴维森的主张，心智的每一部分都存在基于合理化的整体连贯性。因此，一个表面上有违信念整体的不连贯行为之所以产生，其根源在于不同心智部分之间的动机冲突，而它们最终必然要趋于理性。但是，将不合理性理解为一种合理化趋势的受阻，这点并不能排除存在某些从根本上溢出合理化的行为。这里的关键在于戴维森引出了无意识的方式。以"恐惧"为例，不难设想一个合理性的推断情形：

（1）R对A感到恐惧，并且R意识到A是一种危险W，因此，W就是引发恐惧的原因。

由此可设想一个阻断以上推断的情形：

（2）R对A感到恐惧，但是R并未意识到A是一种危险W。

在这个阻断情形中，R因无法将对A的恐惧与一种危险W关联起来从而面临一种概念压力。因此必然存在某种"无意识的原因"，它存在于R心智中的一个特殊部分，并且拥有自身的合理性结构。但问题在于，R的焦虑并非指向一个无意识的原因，而是在其焦虑中接收了这个阻断，并将其化为己有。简言之，R没

---

1. D. Davidson, "Paradoxes of Irrationality", in R. Wollheim and J. Hopkins, eds., *Philosophical Essays on Freud*, UK: Cambridge University Press, 1982, p.289.

有意识到他正在以某种方式引发焦虑。因此，按照戴维森的主张，将"无意识"看成一个心智中相互支持的信念网络所担当的特殊的合理性结构，并不能理解 R 的困境，而寻找一种"无意识的原因"，将无意识视作"业已形成的理由的仓库"，又不可避免地坠入了新的迷误。

由此，弗洛伊德将无意识理解为一些运行在心智中的不规则的、原始的、不断发生形变的基本结构，它们支配着主体的精神活动。正是这一关于"无意识"的概念界定赋予精神分析一种至关重要的实践品格：根本而言，精神分析在于识别这些构成无意识的基本结构，进而恰当地干预这些结构的运行进程。弗洛伊德由此将精神分析视作一种帮助人们获得这种认知实践技能的"高超技艺"（master-craft）：

> 精神分析自身是一种实践，一个认知技能逐步建立的过程，这种技能能够在一个人的无意识冲突中显露出来的时候辨认出该冲突的不规则性，它还能以发挥令人满意的作用的方式进行干预……（因此）一个适当的精神分析解析不会出现在精神分析对象获得充分利用精神分析解析所需的技能之前，这些技能可以在此时此刻人的思想和感觉出现的过程中、在生活的细节中监控和经历它们。解析给了这些出现的思想和感觉一个名称——在这一刻自我意识唯一所缺的就是这名称。这样，一个好的解析不仅能够完成所出现的经历，而且帮助精神分析对象培养他们自我理解的实际技巧。久而久之，

他们将能够培养出对自己的经历进行解析的能力。[1]

弗洛伊德强调精神分析的实践本性,这点深刻地关联于维特根斯坦的哲学要旨。精神分析作为一种实践操练,集中体现在"谈话治疗"及其"自由联想"(free association)的核心原则中。根据这种思路,精神活动在特定的心理发展过程中导向了一系列心理结构,而当不同的心理结构之间发生冲突时便导致了特定的神经官能症。谈话的目的在于呈现这种心理冲突,以此消除其施加给主体的压迫与限制。就此而言,精神分析旨在促成一种"心灵的改变",从而在不同心理结构之间建立一种富有创造性与活力的交流状态:

> 在成功的精神分析中,自由谈话成为可能,我可以开始为自己讲话。在精神分析中,我构建了自己。精神分析的目的不是去促进精神的同质化,而是在迄今为止还是分裂的相互斗争的各个部分之间建立起活跃的交流方式。这些交流方式起到了桥梁的作用——通过使它的不同的声音形成共同的对话来实现精神统一。仍然会出现各种冲突,因为精神永远不会是一个无冲突的区域,这是生活本身的状态。但是当它们出现时,人们就会体验到冲突——而不是某种伪装。而当我确实做出应该怎样处理冲突的决定时,我就发展了真正为

---

[1] J. Lear, *Freud*, London: Routledge, 2005, p.55.

自己讲话的实际的技巧。从精神分析的角度来理解，自由谈话与我为自己负责的能力相关。因为现在我以之前没能采用的方式对自己做出回应，因此，当我在讲话或行动中表明立场时，那就是我在表明立场。[1]

维特根斯坦同样强调哲学的目的不在于构建理论，而是指向一种持久的心智操练。[2] 诚如前述，维氏意在将内在心理秩序关联于实际语用实践，这点就为并置弗洛伊德与维特根斯坦的哲学思想提供了合理条件。诚如弗洛伊德在意识运行中甄别出"无意识"的魅影，维特根斯坦同样聚焦于潜存在日常性中的异质因素："如果在生活中我们被死亡所包围，那么我们健康的知性则被疯狂所包围"（CV:50）。不过，有别于弗洛伊德，维特根斯坦洞察到那种源自特定语用实践的"疯狂"并非一定指向心理结构的失衡。他试图"教导我们的耳朵去适应胡言乱语，去聆听声音和意义的演唱，所以他也试图通过解释胡言乱语在一个族群的各种实践中的根源来使语言获得新生"[3]。

"语法综观"与"自由联想"的根本分歧在于如何理解语言实践与心理秩序之间的关联形式。不难发现，当弗洛伊德试图把精神分析规定为一种"精确科学"时，其实就已在无意识与特定神

---

1. J. Lear, *Freud*, London: Routledge, 2005, p.242.
2. 对此，一个典型的证词可见于《哲学研究》，其中，维特根斯坦向他的对话者共提出了784个问题，只有110个得到了回答，而其中的78个答案被归为谬误。
3. [美] 希顿：《维特根斯坦与心理分析》，徐向东译，北京大学出版社2005年版，第45页。

经官能症之间植入了类似实践推断的变形结构（这点同样体现在麦克道威尔的"寂静论"立场中）：

> 弗洛伊德希望构造一门可与物理学相媲美的物理科学。他相信，一切精神活动都是被决定的，而自由联想会引导出一个受到压抑的欲望，后者存在于不断引起联想枯竭的无意识中，因而他就可以推断出使联想受阻的原因。精神分析的任务就是观察这个过程，解释那个使联想受阻的欲望。弗洛伊德认为，这个欲望处于一个比实际联想更深远、更真实的层次上，处于无意识当中。自由联想对他来说就成了一种根据，用来发现处于无意识中的各种原因。[1]

由此，作为实践技艺的精神分析就隐秘地承诺了一种因果性视角。其中，"无意识"被视作一个实现初始状态的前设要素，而自由联想所遭遇的冲突或断裂就充当了一个用以标示特定官能症的、自行规范的"可断定性条件"（asserted condition）。根据前文冯·赖特对于因果性运作方式的区分，精神分析无疑更接近一种"因果分析"，而非一种寻求实质性条件的"因果解释"。简言之，精神分析作为实践推理的一个简化模型，仅能提供一些似是而非的"猜想"。这是维特根斯坦批评弗洛伊德的关键所在，在他看来，正是这种嫁接在因果视域上的模棱两可的解释意图乃是精神

---

[1] J. Heaton, *Wittgenstein and Psychoanalysis*, London: Icon Books, 2000, p.15.

分析拥有强大蛊惑力的根源。这点显著地体现在弗洛伊德的"释梦"之旅。

作为"通往有关思想无意识活动的知识的辉煌之路"[1],"梦"毫无疑问构成无意识理论大厦的奠基石。究其根本而言,梦是"人类历史的根本发现,使人进入其自身不了解的部分,通过话语和理解拓宽其意识,攻克无意识的晦暗领地"[2]。里尔(Jonathan Lear)由此强调梦所包含的一种类似于无意识活动的实践特征:

> 在梦的解析中,并不是梦提供了通往无意识的辉煌之路,而是对梦的记忆的有意识的、清醒的解析活动提供了辉煌之路。这项活动产生出了一种十分特别的知识:并不是有关一个隐匿领域(hidden realm)的理论知识,而是实践知识——怎样将一个人想象活动的多个分离的方面整合起来,以探究出该怎样生活。因此,一个人发现的并不是隐匿的内容,而是思想的无意识活动……梦的解析本质上与活跃的思维相关。[3]

众所周知,弗洛伊德区分了"显性梦境"(manifest content)与"潜性梦境"(latent content):前者指做梦者所回忆的梦境内容,后者指做梦者的欲望以及梦境的隐匿含义。他据此提出了以

---

1. S. Freud, *The Interpretation of Dreams*, J. Crick trans., Oxford and New York: Oxford University Press, 1999, p.608.
2. [美] 莫兰:《读梦》,许丹等译,商务印书馆2015年版,第1页。
3. J. Lear, *Freud*, London: Routledge, 2005, pp.103-104.

下三个释梦原则：其一，释梦必须考虑到做梦者的生活背景；其二，释梦必须是整体的；其三，做梦者为释梦提供最终裁决。[1] 显然，释梦并非单纯地穿透显性梦境找到潜性梦境中的欲望和含义。弗洛伊德强调，梦的本质在于其活动（弗洛伊德称之为"工作"），释梦的要点不可能是梦的隐匿内容，因为"隐匿的内容只有通过在整个心理活动中进行定位后才能获得其含义"[2]。问题在于，弗洛伊德将此释梦的进程刻画为一个有关欲望逐渐得到满足的内在叙事，其中，自由联想触发了一个源自无意识的初始状态的多米诺链条，其目标指向一个特定欲望的满足。就此而言，释梦本质上就是一种前述"内在性"与"实践推理"的耦合机制，即一种运行在纯粹内在领域中的实践推理。

为释梦赋予一种实践推理的涂层就会面临与实践推理相似的困境。前文指出，在解析实践推理的逻辑特性时，冯·赖特依赖于一种针对实践情境的简化策略。但是，能否在同等意义上将"梦"视作一种类似"TLP世界"的简化系统？事实上，从弗洛伊德的释梦中不难看出：一方面，一个特定的梦境将会随着解析进程而不断发生形变、扩容和转化；另一方面，一个梦潜入无意识的程度通常远远深于解析所能达到的程度。因此，释梦实际上就是一个无限延宕的、有待完成的过程：

甚至在解析的最透彻的梦中都经常会存在一条昏暗的通

---

1. J. Lear, *Freud*, London: Routledge, 2005, pp.105-106.
2. Ibid., p.116.

道,因为在解析时我们是醒着的,因此总有一些梦的想法是无法阐明的,那么它们也不会增加我们对梦的内容的了解。这就是梦的肚脐,它从这里开始深入未知地带。本质上,我们通过解析所获知的梦的想法是不可能有任何确定的结尾的;它们肯定会朝向每个方向延伸到我们思想世界的无限网络中。[1]

释梦的复杂性和未完成性显明了精神分析的实践特性,但是这点就与弗洛伊德所期许的那种科学化信念互不兼容。维特根斯坦由此指出,弗洛伊德主张一个梦境最终都连接到某个欲望,但是"这个自由联想的过程让人困惑,因为弗洛伊德并没有告诉我们在什么时候应当停下来,到哪一步算是获得了一个正确的结果"[2]。这种张力促使弗洛伊德考虑如下可能:存在一个特殊的规范维度,它既能不断地矫正释梦的进程,又不导向任何形式的因果性推定。重点在于,这一规范性考量引出了一个关于释梦的伦理论辩:梦是否包含责任?

显然,一个做梦者既无法控制自身的梦境,也无法控制梦中的欲望冲动,但是"如果他任由这些冲动分裂成无意识的,它们最终会渗透公共空间,因而就必定会面临责任"[3]。根据弗洛伊德的

---

1. S. Freud, *The Interpretation of Dreams*, J. Crick trans., Oxford and New York: Oxford University Press, 1999, p.525.
2. [奥] 维特根斯坦:《维特根斯坦论伦理学与哲学》,江怡译,浙江大学出版社 2011 年版,第 105 页。
3. J. Lear, *Freud*, London: Routledge, 2005, p.118.

主张，梦既是欲望的表达，也是欲望的满足，因此在通过自由联想将无意识欲望引入意识生活的过程中，必定伴随相应欲望的满足感的转移，而这种满足感的转移正是理解"梦之责任"的关键：

> 在对梦进行联想时，弗洛伊德重演了这个梦的过程，精神分析的联想催醒了这个梦的过程，使它流入了意识生活中。因此，我们可以认为当弗洛伊德继续联想的时候，满足感就发生了转移。在这种方式下，精神分析的过程恢复，并拓展了梦中的生活，同时通过这个过程，人们也能加强自己辨认出梦的活动的实际能力，发现它在清醒的生活中的表现。[1]

因此，维特根斯坦批评的要旨恰恰在于释梦的伦理意蕴。弗洛伊德基于一种科学化信念，将释梦的要务归为自由联想的诸意象构成，以及意象与欲望、冲动之间实指关联。这点导致他忽视了想象本身与意识生活之间的深刻联系。简言之，弗洛伊德不应关心能否找到梦发生的先前原因，而是应当致力于理解"这种充满生命力的自由想象是如何融入意识生活中的"[2]。对维特根斯坦而言，这种自主化的伦理联动性构成意识生活有序展开的基本条件和动力源泉。"无意识"和"梦"并非一个单纯欲望导向的初始系统。事实上，它们涉及主体的表达、想象、回忆、重构、交流等一系列复杂的环节。正是在此意义上，精神分析呼应了维特根斯

---

1. J. Lear, *Freud*, London: Routledge, 2005, p.125.
2. Ibid.

坦心理哲学的基本要旨，即强调人类意识生活本身的复杂性。实际上，精神分析的多元、开放与自反的属性已更广泛地渗透日常实践。

四、陌生的日常实践

"无意识"的因果性迷梦折射出精神分析高度的实践品格与深刻的伦理意蕴。这点也是激发维特根斯坦阅读弗洛伊德的核心要素。就哲学策略而言，精神分析的实践化无疑契合维氏有关哲学之实践秉性的强调，同时，对于意识生活之复杂性伦理意蕴的揭示也为审视那种贯穿于维氏整体生涯的"逻辑伦理"的深刻张力提供了重要的启示。某种意义上，"无意识""梦"作为意识生活的构成要素从内在心理层面上展示出一般日常生活的异质特性，后者涉及日常性与陌生性之间的深层交互。

从前文有关维特根斯坦"转折"之路的描画中不难发现，回归日常性即回归日常语言。日常语言既是日常性的载体，同时也是组织日常实践的核心要素。这点启发塞尔托（M Certeau）等人试图将维特根斯坦哲学本身设想为一个用来审视日常性的方法论模型、一个有关日常语言分析的"维特根斯坦模型"：

> 由于哲学问题涉及语言，在当今的技术社会中，它或许在于对这样一个大规模的划分进行审视，即对专业化进行调整的推论性（通过操作性的分隔维持社会理性）和大众化交流的叙述性（繁殖了大量计谋从而控制权力网络的流通）。撇

开这些分析或研究——分析即把推论性与叙述性带入语言实践的共同迹象之下的分析,而研究或揭示了科学话语中的"共同成分"的暗示,或揭示了日常语言中包含的复杂逻辑——同样可以求助于一门哲学,这门哲学提供了一个"模型",并且着手一项关于日常语言的严格检验,这就是维特根斯坦的哲学。[1]

塞尔托指出,日常实践与日常语言之间的深层交互具有丰富的历史意蕴,这点在关于语言实践的专门化的推论性层级与大众化的叙述性层级之间的张力中得到了充分的展现。语言的真实性确定着历史的真相,它超越我们,并将我们禁锢在日常模式中,任何话语都无法从其中脱离出来,无法远距离地着手观察它,并讲述它的意义。塞尔托由此将维特根斯坦称为"现代高智商犯罪的整治者":

> 究其根本,令人折服的正是维特根斯坦为了重拾自己的表述,从日常语言的"内部"对超越它的伦理学或神秘主义方面的限制进行勾勒的方式。只有在内心世界中,他才发现了自己无法表述的外部世界。于是,他的研究产生了一个双重侵蚀:一种是日常语言内部的侵蚀,使其出现了这些边缘;另一种揭露了所有试图寻找通向"不能言说的内容"的出口

---

[1]. M. Certeau, *The Practice of Everyday Life*, University of California Press, 1988, p.61.

的话语的无法让人接受的特征，即无意义。他的分析发现了削弱语言的空洞，摧毁了试图将这些空洞填满的陈述。[1]

在此，塞尔托敏锐地辨识出维特根斯坦回归日常语言背后深刻的伦理品质，"只有在内心世界中，他才发现了自己无法表述的外部世界"。可是，在解析日常语言的运行特征时，塞尔托倾向于将日常语言视作某种类似于"TLP世界"那样的整体化的系统模型，而诚如维氏的"转折"所表明的，一种基于"日常语言模型"的整体化信念与具体可感的伦理行动之间存在某种深刻的不平衡。实际上，塞尔托的确赋予了维特根斯坦一个异质面相。他强调维特根斯坦意在成为一个致力于日常语言的"科学家"，并通过操纵"日常语言机器"[2]来鉴别其他事物作为语言要素的可能性。问题在于，维特根斯坦是否真的意在成为一名致力于"日常语言分析／研究"的科学家？

后期维特根斯坦反复警示近代科学集群引领下的哲学专业化对于日常性的疏离，这点同样构成晚近实践哲学批判的重要议题。科学主义信念为了实现自我确证，力图通过构建统一的科学程序与技术语言来拒绝日常性的侵袭；作为一种方法论呼应，哲学亦通过创造专业化的哲学概念来管控无序的日常语言。因此，科学实践和专业哲学均轻视日常语言的规范效能。塞尔托认为，正是关于日常语言规范性的审视构成维特根斯坦的主要关切，"维

---

1. M. Certeau, *The Practice of Everyday Life*, University of California Press, 1988, p.62.
2. Ibid., pp.61–62.

氏将日常语言重新引入到哲学中,但通过赋予自己一个虚拟的控制,哲学早已将日常语言视作一个确切的对象;他亦将日常语言重新引入科学中,后者通过排除日常语言而赋予自己一个有效的控制"[1]。

这种"虚拟的控制"暗示了一个有关日常语言运作的关键方面:日常语言虽然承载着日常性,但是日常语言并非纯粹日常性的。一种关于日常语言规范性的哲学考量必定会面临一种"反身崩溃"(reflexive breakdown):日常语言既是规范的,又拒绝一切统一性的秩序想象。由此,哲学在回归日常性之际便遭遇到日常语言自身的"陌生性",后者在一种科学化叙事中被大量的统一性原则所压制。在后期维特根斯坦哲学那里,这种日常语言的异质特性在有关规则与意向的叙事中均得到了体现(第七章将着重讨论这一点)。塞尔托由此指出,我们只能借以日常语言来"言说",因而无法控制日常语言,一如我们处于实践,从而无法控制实践。

因此,维特根斯坦并非一名操纵"日常语言机器"的工程师,而毋宁说是一位深入日常语言内部现场的侦探。哲学旨在剖析日常语言,而日常语言的陌生性亦折射出哲学自身的反思性,"当我们在这个仅仅是'哲学'的领域、世界的散文中进行研究的时候,我们就像一个野蛮人、原始人,期待着文明人自我表达的方式"(PI:§109)。由此,我们在日常语言的践行中亦成为自身之内的"陌生人":

---

[1]. M. Certeau, *The Practice of Everyday Life*, University of California Press, 1988, p.63.

> 既然我们无法脱离日常语言,既然我们无法找到其他场所来阐释日常语言,既然无所谓错误的阐释与真正的阐释,那么唯有虚幻的阐释。既然总的来说,没有出口,那只剩下这样一个事实,即在自身之内而非之外成为陌生人,并且在日常语言范围内达到自身的极限。[1]

对于日常语言陌生性的觉识牵连着有关多元性的哲学审视。《逻辑哲学论》基于一种逻辑构造的方案,设想了一种由"对象"及其配置形式的多样性所表征的"形而上学多元论"。伴随回归日常语言,这种形而上学的多元论"让位于语词的多样用法、多样的语言游戏以及多样的人类生活形式的观念;这些反过来被认为与旨趣、需要和看待世界的方式的可变多样性关联着,而且有关生活形式和构成这一巨大分布是不定的,在时间的长河中以不可测度的方式变换着"[2]。由此,维特根斯坦对于日常语言陌生性的揭示亦显明了某种内在于我们日常生活实践的多元性和复杂性。

但是,是否据此可将维特根斯坦视作一个多元论者?在此,首要地涉及一种多元论叙事由以展开的基本论域。简言之,它包含两种互反的论辩情境:(1)如果哲学旨在期许形而上学的、无条件的统一性,那么从中何以能够产生一个有关多元性的连贯叙

---

1. IM. Certeau, *The Practice of Everyday Life*, University of California Press, 1988, p.67.
2. H. Sluga, *Wittgenstein*, UK: Blackwell, 2011, p.73.

事?(2)如果哲学期许一种多元论的叙事情境,那么从中何以能够形成一个基于合理论辩的理解整体?对维特根斯坦而言,这种表面上的论辩交互依赖一个貌似出离于日常语言实践的虚拟视距,而事实上这点无疑是一种理论幻象。他由此指出,无论是强调多样化的语言游戏隶属统一的语言自然史,还是阐明不同的生活形式隶属人类生活的整体规范,它们均未能充分理解日常实践深刻地关联于语言与生活的多重性、开放性与复杂性:

> 正如从维特根斯坦讨论内在和外在的区分中所见,他事实上认为语言游戏间以及生活形式间可能存在各种复杂的关系。它们有时可能的确不相交,但它们也可以互为基础、彼此镶嵌、相互交叠,在各方面相似或不相似。取代认为有着不可分割的统一体的世界图像,维特根斯坦推崇一种把语言游戏和生活形式联结在一起的变动着的多样性关系的观念。[1]

由此,维特根斯坦通过其著名的"相似性"叙事来强化日常语言的异质性方面。"家族相似"并非意在于差异中寻求统一,其要义恰恰在于揭示日常生活实践中各种复杂关系样态的变迁与延宕。这点显著地体现在"相似性"与"因果性"之间的概念联动中。在日常实践中,一个始于因果语汇的表达或交流最终可能导向一个有关相似性的语用情境;同样,一个源于相似性联系的语

---

1. H. Sluga, *Wittgenstein*, UK: Blackwell, 2011, p.75.

用规范也可能逐渐转化为一种准因果性的会话条件。正是这种"因果性"与"相似性"之间的概念联动（包括勾连、互生、辅助、转化等），显明了日常语言实践的多重性、开放性与复杂性。维特根斯坦进而强调，关于日常生活实践的整体概观并非意在确立某个一般性断言的证成模型，而是一种基于实践情境的、个案导向的伦理侦测。

由此，从语用情境扩展至日常实践的过程中，对于日常语法的"综观式表现"（die übersichtliche Darstellung）就渗透了复杂、多元的具体个案，并最终在具体可感的行动中转换为一种不可综览的、自我确证的、多元开放的动态摹状。斯鲁格（H. Sluga）据此强调，这种不可综览的特性必定要求承认日常实践的"高度复杂性"（hyper complexity）：

> 一旦将不可综览观念从语法和语言扩展到历史、文化、社会和政治领域，我们必须注意这一总体所展示的复杂性的不同种类以及不可综览的不同种类。这些总体十分复杂，因为它们都由许多种类的大量因素构成，彼此间有着多种多样的关联。而且，它们都是开放的。由于构成因素的性质不同，它们在复杂性的种类上总是有所区别。当我们大体可以说语法和语言由词和句子构成时，同样可以说历史、文化、社会和政治包含着人类——人类不只是身体或生物机体，而且是对其自身、环境，还有对自己是历史、文化、社会和政治制度的一部分拥有看法的行动者。而且这些行动者的看法对这

些总体至关重要,而是实际地限定它们,这使人类历史、文化、社会和政治成为全新的复杂种类。[1]

因此,日常实践的多元性、反思性与开放性折射出如下要点,即关于我们高度复杂的、难以尽述的生活整体的可理解性密切关联于一种基于日常语言之语用情境的行动摹状。问题在于,究竟如何恰切地理解这种关联的真实意蕴?对此,斯鲁格提出了如下质疑:一种综观式的总体化视角构成了理解复杂实践整体的前提条件,然而事实上人们无法为某种总体状况给予一个完备的综观,就此而言,维特根斯坦实际上回避了如下根本问题:"在一个高度复杂的总体内,我们怎样才能成为行动者"[2]?

不难看出,上述那种总体化的视角源于一种关于日常生活实践的冯·赖特式的因果论的简化:诸如社会、政治、历史、文化等构成了总体化视域的"初始状态",相应的理解形式则是此初始状态所引发的结果。因此,斯鲁格的上述质疑无疑偏离了维特根斯坦的根本要旨。正是基于这一因果论的准科学化信念,斯鲁格与塞尔托一道将日常语言简单地视作一个完备自洽的秩序模型,而维特根斯坦所着重强调的一点恰恰在于,即使仅就日常语言而言,我们也无法予以一种完备明晰的综观。事实上,情境、个案导向的语法分析通常要求一种持续的操练,而日常确证的习得深度依赖于语用情境的实践规范。鉴于此,日常生活实践中基于因

---

1. H. Sluga, *Wittgenstein*, UK: Blackwell, 2011, p.108.
2. Ibid., p.111.

果与意向的逻辑证成便指归于相似性与陌生性的实践规范，而那种基于"TLP 世界"的系统化的行动分析则在这种实践押约下步入一种反思性的、情境导向的实践分析。[1]

---

1. 在某种程度上，日常性与陌生性之间的伦理张力构成维特根斯坦个体发生史的一个基调。其中，基于生活实践的日常性与陌生性均被置于一个动态的、多重的论辩情境下，并由此从不同方面得到了深入的语法侦测：一方面，日常性及其稳健性指归于"事实"与"真相"的语用交汇；另一方面，陌生性及其动态性指归于"历史"与"传奇"的解释循环。这点均在克里斯蒂安·艾尔巴赫（Christian Erbacher）关于哈耶克对维特根斯坦的文本记述中得到了集中的呈现。艾尔巴赫敏锐地捕捉到，在有关哲学遗产的纷繁论争背后潜藏着某种隐晦而沉默的结构化运作，后者借助对文本表面纹理的铺陈掩盖了一个简单的事实："维特根斯坦"，一个被塑造的形象。艾尔巴赫在哈耶克的记述实践中发现了一种演示的可能，在对其陈迹的复现中，哈耶克在不经意间打破了文本的表层结构，释放出被隐匿在作者、编者与读者之间三元交互中的张力与差异，从而在局部上恢复了那种塑造哲学家形象及其文本组织的动态与变迁。诚如艾尔巴赫在言及哈耶克的记述谬误时所言："哈耶克在转录资料时犯下的大量错误表明，他的兴趣不同于语文学家或史学家，而是旨在为维特根斯坦勾画一幅知识分子肖像。因此，哈耶克简传的未完稿具有极高的研究价值，特别对于研究维特根斯坦是如何被书面刻画的学者而言……哈耶克的文本没有表现出任何对维特根斯坦天才的崇拜，相反，这位哲学家被描写成了艰难地寻找自己的智性之路的人。从这个意义上讲，该文本用它自己的方式展现了哈耶克没有背弃当初促使他写传记的初衷：维特根斯坦对真、正直和严肃的狂热。"（参见［英］克里斯蒂安·艾尔巴赫：《哈耶克的维特根斯坦传：文本及其历史》，刘楠楠译，广西师范大学出版社 2022 年版，第 36 页。）

   实际上，这种张力首先呈现在哈耶克自身的记述实践中。艾尔巴赫为此不吝笔墨，详细重现了哈耶克的受挫始末，而问题在于对阻止本身之自洽性的辩护。对于哈耶克的"立传"企图，反对者与调停者均依赖于某种双重证词：对真实性的事实奠基与对忠诚性的道义规范。然而，将哈耶克的抉择单纯视作一种"妥协"无疑将错失艾尔巴赫借此力图揭示的一个重要方面：传记策略与哈氏高度自觉地寻求自我确证的心性之间存在一种根本的离间。这点在哈耶克的记述中俯拾皆是，如关于维氏的"催眠"体验，哈耶克仅搁置了他人的记述，而对于维氏通过催眠实现某种"自我体现"的深层意图未置一词。事实或材料的缺席无疑只是外因，留白的姿态更多地指向了维氏隐秘的自我技术，以及读者的潜在反应。因此，"妥协"毋宁说是一种能动的克制、一种积极的退却。这种文本困境触及"事实"与"真相"的关系以及构思两者关系的不同模式。在惯常的还原视角下，事实是真相的基态，真相是事实的叠加，由此，对事实片段事无巨细地搜罗是获取真相的唯一方式。然而在向终极事实的迈进中，总是已经受制于事实之间的组织与图示，真相犹如拼图，在事实的不同拼接中不断（转下页）

（接上页）跳切、重组、变换乃至消解。简言之，真相总在生成。面对这种酝酿中的失衡风险，哈耶克采取了某种耐人寻味的防御姿态：近乎于极致的事实罗列，满足对已有材料的挪用，克制哪怕最低限度的读解。然而正是这种防御姿态在静态的视像描摹中纳入了一种动态的影像性。在对"最后一面"的记述中，哈耶克采用了一种简洁幽暗的笔调，仿佛是在渲染一场梦境或者剪辑一段影像；既是回忆的重构，也是重构的再现，事实与真相的界限则被消解得无影无踪。

事实上，哈耶克的防御导向了文本的停滞。所谓"传记"，不过是有限的事实陈述与材料罗列，其中不乏笔误和出入，而作为传记的"草稿"亦暗示着传记的失败。不予置评所遗留的空白充满了虚拟和想象，这点在哈耶克对维氏情感品格的规避中可见一斑。对于维氏给罗素的"绝交信"，哈耶克只提供了有限而简练的事实。信件既是事实的载体，也是材料的尽头，而恰恰在记述停顿之即，那种蕴含在自我检视与内在体现中的磅礴情愫才得到了最大程度的无声释放。妥协、防御或回退的策略产生了一种特殊的文本效果：事实、还原交错的虚构、想象，同频、构造牵连的差异、生成，于是"传记"在趋向解体的同时置身于某种深层交互，后者指归于一种"传奇"的品格。破碎中的传记指向生成中的传奇，哈耶克是否就此制造了一种"维氏传奇"，或言其实，或因人而异，重要之处在于，作为亲疏有间的远房表亲、臻至卓越的经济学家，以及非传记的传记的提供者，哈耶克无疑标示着一种非范导的行动指引，后者促动作者、读者，以及作为文本演练的"哈耶克的维特根斯坦"一道步入通往陌生的传奇之路的漫长历险。

第五章
实践反思的伦理限度

> "我们'已经'和'始终'在那里，
> 处在逐级过渡的行动和商谈之间。"
> ——居尔纳·希尔贝克[1]

在一种"维特根斯坦主义"的行动哲学视域下，基于行动论的实践逻辑探析最终引向关于日常实践之复杂性的深度质询。语用情境的扩展表明，日常生活实践构成复杂多元的意动关系的地基，意动关系则确保特定的言语行为拥有稳健的意义指向。但是，这种语用规范性的传导作为生活实践指引形式的特定标示，并不足以确保关于"人内嵌于实践"这一基本事态的恰当理解。这点既要求一种有关语用论辩之理解条件的方法论反思，也需要针对日常生活实践的基本形态展开一种谱系学追踪。基于对维特根斯坦实践哲学的重新审视，一方面这种双重扩展促成一种以条件导向的概念考察为宗旨的"哲学语用学"（philosophical pragmatics）的方法论探究；另一方面，实践语境在"情境-普遍"的基本框架下被追踪至更广阔的现代性实践场域。

---

1. ［挪］居尔纳·希尔贝克等编著：《跨越边界的哲学》，童世骏等译，浙江大学出版社2016年版，第418页。

事实上，这种探究旨趣高度契合于20世纪70年代以来的"后实证主义"精神引领下的"实践-语用"转向，后者深刻地体现在关于现代性实践的种种哲学筹划中。比如基于"先验-内在"框架对于理性条件的逻辑反思，基于"历史-存在"框架对于主体之自我确证的意识反思，基于"结构-功能"框架对于现代文化属性的技术反思，以及基于"理论-实践"框架对于现代社会（政治）秩序的批判反思等。在一定程度上，这些不同层面的反思均致力于突破有关现代实践反思的实证主义困境，转而在哲学语用学视域下探究内在于现代实践的诸非认知性条件，并且深化为一种系统的"实践学"反思。这种实践反思力图将"现代意识"重置为现代精神的本质内核，并且寻求方法论上的自我确证，即从一种基于普遍合理化要求的规范性证成转向一种基于内在伦理反应的情境化的动态认定，并且在"实践-语用"转向形态下致力于揭示蕴含在现代意识中的深刻的伦理图景及其实践效应。

一、哲学语用学与现代意识

众所周知，以近现代科学集群为表征的实证精神构成了一种理性筹划的现代性之生成、巩固与扩展的核心要素。实证化构成了理性重建的动能，并在"现代意识"的确立中注入了一种基于确定性与自明性的规范内涵。诚如韦伯等人所揭示的，理性自决的复苏既撼动了种种神授秩序，亦剥夺了任何先验本体承诺的合法性，从而展露出现代性的开源。于是，"理性自主"构成现代意识的重要原则，它强调"通过自律自主的人类组合或历史进程可以实现无限的可能性"[1]。由此，这种理性自主性无疑也构成了一切现代性筹划的核心条件。但是，诚如 20 世纪以来的现代性进程所表明的，伴随现代性规划的一系列现实效应，这种理性自主性又反向促使现代主体不断审视自身行动的条件，这导致在现代性规划之初就在其内部酝酿，并发展着某种持续的"自反化"力量，借此系统质询既定理性秩序的构建条件及其合法性。于是，对于"理性限度"及其依赖性的审视本身就构成了理性自主的重要内涵，这点深刻地体现在现代哲学的种种调试中。

因此，所谓"现代意识"本身就包含着某种两重性，是一种理性自主性与依赖性之原始张力的集成，并且表达在种种现代性状况中。于是，诚如哈贝马斯等人所揭示的，现代性反思最终指归于一种"危机哲学"[2]，其核心关切在于：在一个普遍理性价值遭遇挑战的所谓"后形而上学"时代里，如何识别、确立，并巩固现代主体的行动可能性及其规范性条件？这一旨趣深刻地体现在现代性进程中所引发的两个显著的现实效应：首先是由文化场域所主导的多元论叙事；其次是由资本场域所主导的全球化战略。自 21 世纪初以来，两者作为经典的现代性产物被有效地整合在关于"多元现代性"的广泛讨论中。[3]

更进一步，现代意识的两重性在方法论层面上启发了某种实

---

1. ［以］艾森斯塔德：《多元现代性的反思》，郭少棠等译，商务印书馆 2017 年版，第 43 页。
2. Gunnar Skirbekk, *Rationality and Modernity*, Scandinavian University Press, 1993, p.9.
3. ［美］德里克：《后革命时代的中国》，李冠南等译，上海人民出版社 2015 年版，第 40—64 页。

践哲学或行动论的逻辑考察，事实上这也构成一种基于跨学科视域下的"实践转向"的重要契机。如前所述，尽管"科学意识"在实证精神的引领下逐渐成为现代意识的核心要素，但是种种现代性的黯淡境遇表明，对于现代性议程给予一种科学实证化的完备论证的愿景最终只是一种理论幻觉。实际上，现代性的实践进程表明，一方面现代性逐渐从单纯的"西方化"赋义中脱离出来，实现了引人瞩目的扩容（从西欧延至中北欧、北美、拉丁美洲、东亚等），并基于社会、传统、文化与经验的地缘差异，完成了现代性范式的修正、转换与变革；另一方面，伴随这种地缘扩容，现代性的意义和价值同样不断趋向于多元化，从而导致现代性叙事本身的复杂化、流动化与自反化。对此，艾森斯塔德（S.Eisenstadt）等人给予了明确的揭示：

> 当代舞台的特征是以下两方面的结合：一方面是对现代性的不断重释日益多样化；一方面是多元的全球趋势和相互参照点的发展……现代性的反思特征的程度，超出了轴心文明中成型的反思意识。在现代方案中产生的反思意识，不只是集中于这样一种可能性：在特殊的社会或文明中流行的核心的超验图景和基本本体论概念，可能存在各种不同解释；它还走向了对与它们相关的这类图景和制度给定性的质疑。它导致了这样一种意识：可能存在事实上可以争辩的多元图景。[1]

---

1. [以]艾森斯塔德：《反思现代性》，旷新年、王爱松译，生活·读书·新知三联书店2006年版，第40页。

由此，问题归结于，如何超越对现代性内在机制及其认知条件的单义化的实证性考察，从而寻求一种更富解释弹性、更具论辩灵活度的有效理解？这点既构成前述"实践-语用"转向及其后实证主义方法论旨趣的核心关切，也是包含在现代性内在逻辑进程中的一个必然环节。简言之，在现代意识的复杂性背景下，现代性的自我确证吁求一种"条件导向的概念考察"的方法论筹划，后者旨在侦测、描述、重构，并解释种种内在于现代性实践的非认知性条件。实际上，正是这种方法论的意蕴构成了连接维特根斯坦日常语言分析与现代性话语实践的关键纽带。基于这种情境导向的概念考察，我们就在广阔的现代性实践图景中获得了一个立足于话语实践的微观界面，借此将那种基于自主性与依赖性的现代意识的内在张力纳入"普遍-情境"的方法论框架下重新加以审视，从而厘清现代意识的确立在何种意义上与某种流转于现代日常生活的伦理意蕴深刻关联。我们依循希尔贝克等人对于（多元）现代性叙事的当代诊断，将这种基于维特根斯坦实践哲学教诲的方法论观照描述为一种"哲学语用学"：

> 一般而言，语用学也就是行动论。语言学类型的语用学所涉及的是言语活动。而在那哲学取向的语言学类型的语用学中（与经验取向的语用学相反），关键的则是所用之语言和语言之用者之间的所谓内在关系，即对言语活动的概念上的必要条件或构成性条件的分析。不过，言语活动的这些

语用学必要条件是可以或多或少得到清楚的表达的,也是可以或多或少在该活动自身中被隐含着的、被默会地包含着的。这种哲学语用学,就其语言观而论,既可以设想成是比较依赖于情境的,也可以设想成是比较独立于情境的;就其内在于言语活动的有效性认定而言,既可以设想成比较特殊主义的,也可以设想成比较普遍主义的。[1]

概言之,所谓"哲学语用学"一方面旨在系统地探究组织言语实践的诸种条件;另一方面,它不同于"语言学取向的"实质探究所关注的言语行为(speech acts)的语言学结构,而是更多地聚焦于语言与主体之间的内在关系,并基于一种系统的语法分析深入探查内在于话语实践的各种"概念上的必要条件或构成性条件"。就此而言,一种条件导向的概念考察无疑构成了"哲学语用学"的原初意蕴。

关于言语实践的条件分析要求在语言的各种确定性要素之间作出区分。其中,作为现代主义语言观之经典模型的"结构-功能"框架突出地表征着这种差异。诚然,言语实践的构成条件既可以独立于语言,又可以内在于语言。"结构分析"的重心在于探查某些前(非)语言的条件,它们通过独立于语言的自主运行从而达成相应的有效性认定。就此而言,结构分析旨在确立,并说明这类一般性形式条件或范导性条件;"功能分析"并不期许某种

---

1. [挪]居尔纳·希尔贝克:《跨越边界的哲学》,童世骏等译,浙江大学出版社2016年版,第383页。

一般化的形式条件，而是更多地侧重于构成语言的材料本身的组织特征，借此在一种个案导向的情境约束下详细探查这些材料在特定言语实践中的具体行使。在此区分下，希尔贝克区分了两种不同类型的哲学语用学：由阿佩尔（Karl-O. Apel）、哈贝马斯等人所致力于发展的"先验-普遍语用学"（universal pragmatics）；由梅里奥（J. Meloe）等人在一种"维特根斯坦主义"的引领下所发展出的"情境语用学"（contextual pragmatics）。[1] 在上述条件导向的哲学旨趣下，两者均力图指明一个高度复杂的生活整体的可理解性有赖于一种系统的概念综观，并且均面临一定的解释局限。

就哲学策略而言，阿佩尔试图在"语用转向"的后维特根斯坦语境下，通过其"先验语用学"的方案来为"一种在历史性情境中的理论和实践的中介化提供规范准则"[2]。哈贝马斯则通过基于商谈原则的"更好论证的强迫性力量"与"宽容性"这一商谈理性内涵，试图为现代性规程寻求某种规范性辩护。他们均主张，"先验-普遍语用学"的核心在于承认"合理性内在地根植于我们的言语活动之中"[3]。正是这一内含于言语活动的理性内核，使得主体间的合理论辩成为可能，并且集中呈现为一种关乎生活世界之合理化的商谈伦理：

---

1. Gunnar Skirbekk ed., *Praxeology*, Oslo: Universitetsforlaget, 1993.
2. ［德］奥托·阿佩尔：《哲学的改造》，孙周兴、陆兴华译，上海译文出版社1994年版，第264页。
3. ［挪］居尔纳·希尔贝克：《跨越边界的哲学》，童世骏等译，浙江大学出版社2016年版，第396页。

商谈伦理学是一种"语用-语言转向"（pragmantic-linguistic turn）意义上的哲学语用学。对于基本的有效性认定的可能的商谈性解决，它强调"更好论证的非强迫性力量"的重要性。这些有效性认定，不仅是关于命题的（与真理性认定有关），而且是关于调节人类行为的规范的（与正当性认定有关）。价值问题从一开始时就被看作是情境性的，关于正当性的规范，则在原则上被认为是适合于作商谈的、普遍的辩护的。任何对"更好论证的非强迫性力量"的否定，都包含着自我指涉的不一致，是一种施为性的自我矛盾（performative self-contradiction）；在这样做的时候，人们所否定的正是这个否定的前提条件——在这种情况下，存在着一个施为性矛盾。[1]

抛开阿佩尔与哈贝马斯论证中的细部差异，两者均强调合理论辩的先验-普遍有效性，并且都采取了某种形式的归谬论证策略。然而，正是这一方法论特征使他们面临相似的解释困境。对于阿佩尔来说，"先验语用学"的归谬论证在如下有关多元性的两个层面上丧失了力度：一方面，他所认定的那种单一化的归谬指涉忽视了一个基本事实，即存在着多种多样的荒谬性，而先验语用学所期许的那些基本的商谈前提也并不必然指向一个特定的语用学矛盾；另一方面，话语实践自身的语用多样性从内部向一种

---

[1]. ［挪］居尔纳·希尔贝克：《时代之思》，童世骏、郁振华译，上海译文出版社2007年版，第116页。

基于理性交往的理想共识观念提出了挑战。哈贝马斯的交往理性与商谈策略同样忽视了言语活动的多样化特征，从而缺乏"对归谬论证（包括施为性不自洽[performative inconsistency]）作一种更为事例导向的、更为语境敏感的使用，而是更依赖于来自各种现代化理论、社会化理论和现代法律理论以及各种概念二分法的联合支持"[1]，比如"正当–善""规范–价值""辩护–应用"等。希尔贝克指出，这些二元论框架是用"相当一般性的概念"来表述的，是以一种讨论"高层立场"的方式来阐明的，而不是通过对各种事例以及在各种理论实践中概念的使用方式的详细探查来阐明的：

> 在哲学中需要关注在不同情境中对概念的实际的、多样的使用。简言之，对自己明确的、受理论支配的概念的优越性不要过于自信。因此，可以批判地质疑如下主张：只存在一种施为的荒谬性，因而在所有这些事例中所确立的前提条件的认知地位是同一的；这也就是批判地质疑如下观点：所有施为性的矛盾是严格地不可能的，所有的先验的–语用的前提是严格地必然的。[2]

"情境语用学"同样关注话语实践的内在构成条件。不同于普遍语用学有关论辩有效性认定的先验主张，情境语用学强调言语

---

1. [挪]居尔纳·希尔贝克：《时代之思》，童世骏、郁振华译，上海译文出版社2007年版，第132页。
2. 同前，第30页。

活动本身就隐含着一系列理解要素，它们保证了某种存在于理论与实践、认知与行动之间的必要的构成性关联。因此，可理解性高度依赖案例与情境的自主性。换言之，一个具体的实践情境已经包含着足够的洞见与理解要素，它们可以通过某些被精心择取的个案来加以充分地阐明。希尔贝克由此指出，情境语用学在一定程度上既立足于又趋向于一种"多元主义的情境主义"[1]，而这点亦促使情境语用学自身陷入某些"自指性不自洽"（self-referentially inconsistency）的理论困局。一方面，情境语用学无法规避一种情境主义理论所必然遭遇的难题，即忽视或否定不同情境之间翻译的可能性，从而陷入相对主义的泥淖，而欲摆脱相对主义困境又必定会指向某种超情境的普遍层面；另一方面，情境主义理论赋予情境与案例本身高度的自主性，这点促使情境排除一切外在于情境的理解要素，并据此确立了一种"反理论"的内核。

正是基于两种哲学语用学的理论对峙，希尔贝克尝试给予一种概念上的整合。一方面，普遍语用学在保证内在反思与行动规范条件的有效性认定的同时，忽略了对具体实践的情境性探察；另一方面，情境语用学在重视具体事例分析的同时，缺乏一定的反思性从而包含某种意识形态功能，对事例的择取也过于狭隘。[2] 因此，希尔贝克首先强调，整合的重点就在于重新审视哲学语用

---

1. ［挪］居尔纳·希尔贝克：《跨越边界的哲学》，童世骏等译，浙江大学出版社2016年版，第386页。
2. 同前，第294页。有关希尔贝克基于对普遍语用学与情境语用学的整合，进而深入探究一种"多元现代性"方案的详细讨论，参见应奇、贺敏年：《多元现代性视阈下的世界主义问题——从合理性规范的观点看》，《马克思主义与现实》2016年第3期。

学图景下概念与实践的深层交互:

> 一种事例导向的、在概念上自我批判的哲学研究方式在于:当概念被看作内在于我们的哲学实践时,概念就不是某种我们仅仅通过某个理论立场而拥有的东西,而是我们一再地需要从我们介入其中的实践中加以阐述的东西。对于我们用概念来应对世界和正确地看待事物而言,理论的立场和视角是重要的。但是,我们的概念使用的多样性,也不应该为某些来自一理论立场的概念框架所支配和侵占。[1]

毫无疑问,"合理性"构成两种哲学语用学的核心概念。因此,无论是关于话语实践的一种依赖普遍共识与理想条件的合理化论证,还是一种基于个案导向的多元检视,两者之间的解释对峙必定要求重新审视"合理性"概念。基于此,希尔贝克基于一种"实践学"(Praxeology)的方法论反思,尝试从上述语用学对峙中析取一种反思性的、公共普遍的"论辩合理性"(argumentative rationality)观念。

二、"实践学":一种理性测度

如前所述,一种反思性的合理性观念要求从内在于行动的有效性主张去重构合理性,同时将其置于一定实践情境,并加以逐

---

[1]. [挪] 居尔纳·希尔贝克:《时代之思》,童世骏、郁振华译,上海译文出版社2007年版,第30页。

步改进。因此，合理性在一定程度上肩负着"一个没有乌托邦承诺的、尝试改进的持续任务"[1]。这是希尔贝克所谓"论辩合理性"的核心内涵，即致力于一种可错的、视角主义的合理性观念，它要求高度的自我批判与公共交流意识：

> 我认为，在语用层面上理解的合理性，是单一的和具有普遍约束力的。这首先是出于严格的自我反思的理由，还因为人们可以做广泛的概念性论证来表明，在语用层面上理解的合理性对所有自主的人都是共同的和不可避免的。但是其实现方式是可错的，存在着一种视角的多元性和综合性。总是存在着一种改进的要求，起码要避免那些显示为不那么好的东西。在这一意义上，我们共同的、具有约束力的理性，指向了一种动态的"改进主义"。[2]

希尔贝克指出，基于这种新的"论辩合理性"意蕴，我们就可深入哲学语用学的细部从而获得突破"普遍-情境"这一解释学框架的有效要素。他从以下五个方面对此进行了审视：

1. 哲学语用学应当恪守一种"改进主义"（meliorism）的理念。普遍语用学假定合理共识乃是行动有效性之认定的充要条件，但诚如前述，这点最终只能导向一种单一的归谬指涉。因此，就

---

1. [挪] 居尔纳·希尔贝克：《多元现代性》，刘进等译，上海人民出版社2013年版，第184页。
2. [挪] 居尔纳·希尔贝克：《时代之思》，童世骏、郁振华译，上海译文出版社2007年版，第32页。

需要将"合理共识""论辩"与"更好论证的非强制性力量"等内容结合起来,从而形成一种具有合理基础的动态责任,即"在致力于批判好得不够的东西时,就是在向更好的东西靠近"。由此,便可获得一个"改进主义的论辩式有效性辩护"的概念。[1]

2. 哲学语用学涉及一种"否定者的优先性"(primacy of the negative)的观念,即改进主义的论辩内在地避免了更差的论辩,这点亦构成合理商谈的"直接责任"。这种优先性集中体现在"归谬论证"中:一旦违反可理解性的某种前提,就会得出一个荒谬的结论,而"这种前提的构成性作用可以通过仔细考察它所属的情境而得到反思的阐明"[2]。基于这种否定作用,希尔贝克强调,普遍语用学所主张的那种"深层语法"的观念就可得到有效解释(就此而言,希尔贝克方案的基底仍是一种先验-普遍语用学)。

3. 合理论辩还涉及一种"逐级主义"(gradualism)的程序。一个特定的商谈实践旨在改善和避免更差的论辩,蕴含一种"论辩概念的逐级性",并且展现为一个灵活弹性的可错论的过程。

4. 在哲学研究中,"案例使用"(use of examples)同样拥有一个重要的位置。通过特定的案例分析可获得内置于行动的某种默会维度及其包含的种种认知。同时,案例自身尽管同样依赖于情境,但就解释学意义而言,它们保持着一定程度的自主性。

5. 一种基于话语实践的哲学语用学之所以拥有坚韧的反思

---

1. [挪]居尔纳·希尔贝克:《跨越边界的哲学》,童世骏等译,浙江大学出版社2016年版,第399页。
2. 同前。

品格，其缘由在于一种"实践的不可化约性"(irreducibility of practice)。作为一种哲学语用学，实践学强调语义学与语用学之间的不可还原，"仅仅从语义学的角度来解释言语活动，会忽视能力、实践、默会知识等方面"，后者在维特根斯坦主义者那里意味着某种"实践和默会洞见的顽固性"。[1]

对于这些语用学实践内涵的重新整合要求重新审视"普遍-情境"这一方法论框架，由此获得一种概念上的灵活性与"内置性"(embeddedness)。通过这些修正，希尔贝克主张一种建立在自我反思和"更好论证"的语用学力量基础上的普遍主义的合理性概念，即一种"反思的实践学"概念。它一方面规避了普遍语用学源于终极共识或理想商谈的理论困境，但承认"内在于解释的诸构成性条件"以及"朝着持续改善方向的范导性原则"这样的观念所包含的哲学意义；另一方面，将案例的择取及使用与具有高度现实内涵的实践情境紧密相连，从而规避了情境语用学的相对主义风险及其内含的意识形态牢笼。这样一种实践学的视角将为我们思考商谈问题提供更加充分的理论能量：

> 我的观点不是说一个关于出于情境之中的商谈的实践学概念，为解决有效性和有效性辩护的哲学问题提供了决定性的洞见。但一种实践学的视角可能有助于我们更加充分地思考一个商谈可能是怎样的问题（比如有关一个商谈的起点和

---

1. [挪]居尔纳·希尔贝克：《跨越边界的哲学》，童世骏等译，浙江大学出版社2016年版，第400页。

终点问题)。对商谈的实践学考察,把它看成是在日常生活中具有情境和根基的,把商谈的本质清楚地表明为某种尚未完成而始终开始了东西:"我们'已经'和'始终'在那里,处在逐级过渡的行动和商谈之间"。[1]

这种反思性的实践学观念并不仅仅限于对商谈情境的理解,实际上,它也为我们更好地理解现代性实践提供了重要的方法论视角。不过,"反思实践学"本身同样面临某种源自内在自我指涉的解释压力。尽管在一定程度上通过并置一种冠以"维特根斯坦主义"的情境主义主张与阿佩尔-哈贝马斯的普遍语用学,的确可以暴露那种隐藏在现代意识中的概念压力,但做此区分的理由实际上依赖于一种源自话语实践的弱的"有效性认定"。这一认定既不同于哈贝马斯所主张的那种独立于解释活动的普遍性认定(比如真实性、正当性、真诚性以及可理解性),也不同于纯粹内在于言语的默会认知与情境认定(contextual confirmation)。就此而言,反思的实践学突破了基于"实质性条件"(substantial condition)的解释制约。但是这并不意味着实践学完全摆脱了"条件导向"的解释模式,而是它提供了一组介于普遍共识与情境认定之间的第三种"可断定性条件"(asserted condition)。通过这些可断定性条件,一个基于个案导向的行动分析就在一种不断改进的论辩程序中获得了一定的合理性和可理解性。换言之,反思实践学的解

---

[1]. [挪]居尔纳·希尔贝克:《跨越边界的哲学》,童世骏等译,浙江大学出版社2016年版,第418页。

释力在某种程度上仍然依赖于一个"所予"的规范性承诺,如何通过合理论辩来平衡这种潜存于外部承诺与可断定条件之间的张力?这点仍然晦暗不明。

更重要的是,这种自指困境在很大程度上源于那种"维特根斯坦主义"本身的理论主张。如前所述,希尔贝克更多地将维特根斯坦哲学置于一种情境主义的哲学语用学框架之下,从而为实践学在一种与普遍语用学相对照的批判性视角下融合两者的有效要素提供一种方法论的保障:

> 不是所有源于维特根斯坦的情境语用学的观点都是与普遍语用学相抵牾的。相反,许多情境语用学的观点应该纳入普遍语用学的视野之中。二者之间的相互批判本身不是一个有确定终点的过程。对情境语用学和普遍语用学之间各种相同点和不同点我们该怎样理解,永远需要做进一步的讨论,这种讨论应当采取的形式,是对所选取例子进行商谈的和反思的阐明,而这又将不断需要新的富有成效的实践过程。[1]

毋庸置疑,维特根斯坦所谓的"语言游戏""家族相似"以及"生活形式"等核心观念的确折射出言语实践的情境特征,但是对维氏而言,强调相似性与日常生活的统一性,其意图恰恰指向对实践差异的揭示。诚如前文指出的,有关意义的语法综观在语用

---

1. [挪]居尔纳·希尔贝克:《跨越边界的哲学》,童世骏等译,浙江大学出版社2016年版,第418页。

秩序内部引发了某种程度的爆破，由此释放出大量被统一性原则所压制的力量，并在日常表达中不断变形、增殖和转化。我们始终在日常语言的使用中言说，因而注定既无法控制日常语言，也无法与它保持一个外部的观察视距，我们处于实践之中。因此，维特根斯坦的"哲学语用学"毋宁是旨在践行一种"内部检视"（internal inspection），并且最终指向话语实践自身之内的一种陌生性和异质性。在他看来，日常实践的复杂性依赖于一种自我指涉的反思实践，以及这种反思所引发的多元化的开放结果。这点在希尔贝克那里恰恰相反，一种关于日常实践的实践学考察旨在将多元性和开放性聚合、收敛至一个基于第三种规范性条件的合理性平台，因此，他所强调的那种自我指涉的反思恰恰是以对多元性和开放性的管控为条件的。而对于维特根斯坦来说，一种基于内在理性自主的同时又得到情境认定的、不断趋向更好论辩的意义整体或生活世界的观念总是处于其哲学思考的外围。同样，就维特根斯坦实践逻辑的真正关切而言，一种"维特根斯坦主义"的观念同样是异质的。

总之，无论是在哲学语用学视域下对实践学所展开的方法论重构，还是在这种反思性的实践学视角下对（多元）现代性内涵的种种侦测，希尔贝克在理论上的核心诉求均在于化解"自主-依赖""普遍-情境"之间的解释对峙，借助一种由论辩关系所钩织的合理性平台，尝试为种种解释学差异提供统一的规范性基础。无论这一方案存在何种优化的可能，就其帮助我们应对一个渐趋多极化的社会政治文化态势而言、就其平衡整体价值与个体意志之间的分歧而言、就其对现代性实践的多元特征的描绘而言，均为我们理解现代实践的复杂性提供了重要的启发。我们从中认识到，对于现代性规划的反思与考察在很大程度上依赖于一种兼具稳定性与机动性的论辩环境，后者有赖于一种合理导向的大众文化共识。毋庸置疑，这种理论诉求的确在多元现代性实践中得到了一定程度的现实化。

在某种意义上，"哲学语用学"的自指性解释困境源于有关现代性场域的一个伦理设定：现代性规划在不同层面上昭示着一种基于内在理性自主，同时又得到情境认定的、不断趋向更好论辩的意义整体或生活世界。于是，在哲学语用学的方法论框架下，关于现代性话语的实践学反思期许一个基于合理化的、范导性的规范性叙事。然而，现代化的全球进程业已表明，组织现代实践所依赖的价值相通性和意义统一性恰恰植根于种种深层差异，事实上这也构成全球化战略克服普遍主义与殖民主义的根本要件。与此同时，对于现代性话语意义的"语法综观"在语用秩序内部引发了某种程度的解构和爆破，由此释放出大量被统一性原则所压制的力量，并在日常话语实践中不断变形、增殖和转化。简言之，现代性"既是一种存在状态，也是关于这一状态的话语"[1]，我们无法基于一个外部的观察视距对现代性话语的意义做整体把握，因为我们已经处于现代性话语的塑造中。

诚如罗蒂（R. Rorty）、韦尔默（A. Wellmer）所指出的，关于

---

1. [美] 德里克：《后革命时代的中国》，李冠南等译，上海人民出版社 2015 年版，第 13 页。

现代性话语实践之条件的语用学反思，无论是作为有效性认定之基础的认知性条件（普遍语用学）还是内在于情境认定的非认知性的默会条件（情境语用学），它们均指向一种渐进主义的真理符合论，即承诺一种内置于现代性话语的先验的绝对要素，从而保证话语实践的规范内涵。于是，符合论的真理观就是一种"范导性"的。[1] 对此，罗蒂等"新实用主义"者在一种"后哲学"的文化基调下力图切断符合论所隐秘承诺的介于话语与实践之间的连续性，认为在实际的实践情境中，一个有关真理的话语表征并不会提供额外的助益。而韦尔默指出，诸如罗蒂那样的紧缩论主张将会掩盖现代性实践的种种结构特征，从而使现代性话语处于一种脆弱的静默状态。因此，为了规避这两种解释困境，就需要兼顾如下两种考量：既无须假定一个外在于话语实践的实在内容或理想条件，又能保证话语实践自身的积极功能和有效性。在韦尔默看来，这将导向一种跨情境的、跨主体的，并且不断在论辩中加以淬炼的实践内涵，即一种"非范导的实用主义"[2]（pragmatism without regulative ideas）的实践品格。

在此，罗蒂和韦尔默的讨论显示出一个重要的向度：现代性反思在一定程度上指归于一种关乎现代性话语实践的真理反思，后者进一步指向对种种现代性伦理场域的内在审视。就此而言，

---

1. A. Wellmer, "The Debate about Truth: Pragmatism without Regulative Ideas", in W. Egginton and M. Sandbothe, eds., *The pragmatic turn in philosophy: contemporary engagements between analytic and Continental thought*, New York: State University of New York Press, 2006, pp.93-115.
2. Ibid., p.108.

反思的实践学同样也昭示着一种重新审视现代性话语实践的可能性。它启动了一个有关现代性反思的重要的方法论转换：从那种条件导向的范导性的概念探究，转向一种对现代性话语实践之内在伦理意蕴的内部检视。在方法论意义上，我们将这种非范导的、动态的情境认定视为一种"伦理反应"（ethical response）。在此视角下，现代性毋宁说是一部现代主体之伦理反应的集成，而现代意识的复杂性毋宁说是自我指涉的实践反思所开启的一种多元化的开放结果。就"实践-语用"转向形态下的现代性反思而言，它吁求突破"自主-依赖""普遍-情境"等概念桎梏，从而步入现代意识与伦理反应所交奏生成的更广阔的图景中。

三、现代意识：交往或事件？

在某种程度上，基于哲学语用学之方法论内核的实践学考察实现了两重扩容：一方面，就实践内容而言，将日常实践的范畴扩展至高度复杂的现代性实践；另一方面，就实践规范而言，将日常规范秩序的理解从一种自然化的确证，推进至一种基于合理论辩的规范调度。进一步，这种方法论的扩容引出一个就日常实践逻辑考察而言至关重要的维度，即将言语活动的语义性和语用性在现代实践场域中整合为一种广泛的话语实践，从而就现代日常生活的规范性提供有效理解。同时，在此重塑日常实践逻辑规范性的过程中，话语实践本身的自反化倾向使其在关于社会结构与功能的解释中形成了某些理论变体。在此，我们将着重考察两种最具代表性的当代话语理论模型以及两者之间的解释交互，它们一方面是以哈贝马斯为代表的交往理论，另一方面是以福柯为代表的权力理论。

在现代性论域中，福柯的权力理论与哈贝马斯的交往理论的交锋系统地呈现在哲学方法论、话语实践以及合理规范性等层面上，并且透过诸如权力与认知、理性与他者、自我与秩序、个体与社会、启蒙与批判等一系列亚层面上的关系范畴不断得到增殖、强化和变形。在"哲学语用学"转向中，这一交锋进而聚焦在话语实践与主体的关系上。换言之，无论是在权力关系运作下对主体的生产与再造，抑或在人称转换中人际关系对主体的调度与平衡，如何解析主体自身的在场性、相对性以及主观化从而摆脱"主体-意识"哲学的局限，均构成权力理论与交往理论的内在诉求。主体既是融通权力与交往的黏合剂，又是萃取两者内在张力的催化剂，这点在更深层面上触发了在现代性状况下对于主体通过自我关涉的多重实践同事物、他者以及自身之间相互证成形式的考察，从而指向所谓自我确证的界限问题。这要求我们穿透福柯与哈贝马斯之间的表面分歧，在话语实践与主体的关系层面上，重新审视各自的理论内核及困境，进而尝试解析上述张力就自我确证的界限问题所能提供的有效因素。

基于战争缘由，福柯接触哈贝马斯的工作要迟至20世纪70年代中后期[1]，他指出后者的重要贡献就在于提出了合理性与规定

---

[1] 1983年3月，哈贝马斯应法国历史学家韦纳（P. Veyne）之邀赴法兰西学院演讲，其主要策划人正是福柯，二人首次会面。参见刘北成：《福柯：思想肖像》，上海人民出版社2001年版，第360—362页。

它的权力机制、程序、技术,以及影响之间的关系问题[1]。由于共享康德以来"启蒙-批判"传统的叙事经验,"合理性"既构成了两者共同的论题,又在概念内涵与合理化运作方式上凸显出彼此的差异。哈贝马斯主张,合理性是"具有语言能力和行为能力的主体的一种素质,表现在总是能够得到充分证明的行为方式当中"[2];合理化过程作用于诸如命题陈述、目的行为、实践规范、价值审美等不同层面,并且相应地涉及一系列通过话语论证形式加以阐明的"有效性要求",诸如陈述的真实性、目的的正确性、行动的恰当性、评价的真诚性等。福柯则将合理性视作显示"理性-非理性"区分的差异化模型,合理化过程体现为理性通过知识话语的权力运作不断地将其排斥的部分"独异化"[3],从而获得某个加以认识、解释和控制的有效空间。由此,"理性话语总是扎根于独白理性的不同层面上"[4]。抛开显见的分歧,两者在合理性视野下指向了一个共同的维度,即话语(Diskurs/discours)及其与实践的关系。

实际上,哈贝马斯正是聚焦于话语的方法论功能,启动了对权力理论的诊断。他将考古学研究视作一种"话语分析"、一种"深层解释学",后者"试图用同一性的思想手段来打破同一性思

---

1. James Miller, *The Passion of Michel Foucault*, New York: Simon & Schuster, 1993, p.336.
2. [德]尤根·哈贝马斯:《交往行为理论》,曹卫东译,上海人民出版社2018年版,第41—42页。
3. [法]朱迪特·勒薇尔:《福柯思想辞典》,潘培庆译,重庆大学出版社2015年版,第126页。
4. [德]尤根·哈贝马斯:《现代性的哲学话语》,曹卫东译,译林出版社2017年版,第282页。

想自身的魔力，以便在工具理性的发生史中追溯单子化理性最初的僭越和脱离模仿的场所"[1]。哈贝马斯洞察到早期福柯在"话语"概念定性上的一个根本困境：如果话语是考古学式"追忆"蛰伏在历史叙事中的沉默证据的一个方法论前件，那么话语就是一个形式层面上的关系范畴，它指向话语背后的意义，并寻求"与先于任何一种话语的目光的无言碰撞"。由此，话语便与某个隐秘意义的发声相连从而丧失了其作为结构范畴的中立性。换言之，话语在范畴层面上摆荡于关系和结构之间，同时在实践层面上引发了一系列互反的诉求，比如在揭示疯癫史时总是既要区分理性与疯癫，又要寻求两者之间"稳定的交互联系""模糊的共同基础"和"原初的对立状态"[2]。对于这种含糊，福柯给出了其谱系学的修正方向：

> 话语的种种事件不应被看作是多重意指的自主核心，而应被当作一些事件和功能片段，能够逐渐汇集起来构成一个系统。决定陈述意义的不是它可能蕴含的、既揭示它又遮盖它的丰富意图，而是使这个陈述与其他实际或可能的陈述联结起来的那种差异……由此就有可能出现一个全面系统的话语史。[3]

---

1. ［德］尤根·哈贝马斯：《现代性的哲学话语》，曹卫东译，译林出版社2017年版，第284页。
2. 同前。
3. 同前，第285页。

对福柯而言，话语既非对原初意义的主观陈述，也非一套外在于历史的独立运作的能指系统，而是对历史构型轨迹及其终极差异的描述和揭示。话语一方面是显示"可被断代的独异性的绝对差异"[1]的镜面，其自身也是种种事件的不断发生变形的聚合体。这点将福柯引向了对传统真理观念的拒斥，每种历史社会事件都是一个"独异的"存在，不存在普遍的、超历史的真理，"因为属人的事实（行为与语词）并非来自自然，而是有着自身的起源，它们并不忠实地反映所指向的客体"[2]。话语即一系列"事件"，而事件在否定性方面是对事实背后的话语、权力以及实践网络的割裂，在肯定性方面则是"历史复杂限定的结晶"[3]。正是基于事件对真实性的要求及其"更好论据的非强制性"特征的轻视，显明了福柯与哈贝马斯的关键分歧。哈贝马斯指出，对于论证有效性要求的解除表明话语的真假识别将转向一个纯粹内在于事件的领域，一个内嵌在话语、权力、机制以及实践格栅中的运作，而所谓真理是"一种隐伏着的排斥机制"[4]，它显现在历史断层的独异结构中。由此，话语与实践的关系就转换为结构与事件的关系，而这点在福柯那里仍然晦暗不明。

结构自身难言真假的特征拒绝一切"更好论据的非强制性表

---

1. ［法］保罗·韦纳：《福柯：其思其人》，赵文译，河南大学出版社2017年版，第14页。
2. 同上。
3. ［法］朱迪特·勒薇尔：《福柯思想辞典》，潘培庆译，重庆大学出版社2015年版，第60页。
4. ［德］尤根·哈贝马斯：《现代性的哲学话语》，曹卫东译，译林出版社2017年版，第293页。

象",因此福柯只能转向结构在话语实践中所表达的意志及其谱系,描述话语自身的形成、转化与消亡。哈贝马斯将这种无视角的描述性立场揶揄为"幸运的实证主义"[1]。对他而言,更好论据非强制的导控功能恰恰是一切有效性要求的基础。作为"理性复苏"的召唤者,哈贝马斯将理性视为人类的基本力量和素质,从一开始就体现在交往行为的语境和生活世界的结构中。理性"乃是人类事务较少出现例外的缘由,也是在人类有意识调节下的强制规范和主张的根源"[2],因此,"一切论证都要求同一种相互寻求真实性的组织模式,凭更好论据使主体间相互信服"[3]。于是,理性就从"主体-意识"哲学的独白状态转向一种以有效性要求为导向的"交往理性":

> 一旦把知识看作是以交往为中介的知识,那么,理性所要衡量的就是,负责的互动参与者能否把主体间相互承认的有效性要求作为自己的取向。交往理性的标准在于直接或间接兑现命题的真实性、规范正确性、主观真诚性,以及审美和谐性等有效性要求所使用的论证程序。[4]

---

1. [德]尤根·哈贝马斯:《现代性的哲学话语》,曹卫东译,译林出版社2017年版,第293页。
2. [法]芭芭拉·福尔特纳:《哈贝马斯:关键概念》,赵超译,重庆大学出版社2016年版,第33页。
3. [德]尤根·哈贝马斯:《交往行为理论》,曹卫东译,上海人民出版社2018年版,第57页。
4. [德]尤根·哈贝马斯:《现代性的哲学话语》,曹卫东译,译林出版社2017年版,第366页。

对哈贝马斯而言，话语的功能并不在于呈现蛰伏在历史叙事中的事件，而在于话语自身的非强制性的一体化力量和共识力量，这点使以有效性要求为导向的交往行为得以可能。在实际交往中，有效性要求构成一种"绝对的因素"，它们既超越任何局部语境，同时协商、承认和接受它们又需要一定的时空约束，这种两面性合力将言语行为组织为特定的话语实践。因此，哈贝马斯在如下两个层面上捕捉话语和实践的关系：在狭义上，话语在行为规范之正确性的有效性要求下被组织为一种特定的论证形式，即一种"实践话语"（praktischer Diskurs）[1]，后者是用来检验一种行为规范能否得到公正辩解的手段；在广义上，话语与实践的关系体现为一种语用转向背景下的哲学批判，即哲学语用学对"主体-意识"哲学的克服（通过将主体的诸如自我意识、自我决定和自我实现等自我关涉性要素排除在哲学之外，语言便取代了主体性成为"令人眼花缭乱的能指和相互充满竞争的话语"[2]，并从中构建出一种新的现代存在秩序）。哈贝马斯指出，同样出于对语用转向的关切，福柯彻底切断了意识哲学与真理的脆弱关系，"一切有效性要求都会产生话语意义，它们彻底深入永恒自发的话语中，听任它们相互制约的'冒险游戏'（hazardspiel）的摆布"[3]，话语与实践的

---

1. ［德］尤根·哈贝马斯：《交往行为理论》，曹卫东译，上海人民出版社2018年版，第37页。
2. ［德］尤根·哈贝马斯：《后形而上学思想》，曹卫东等译，译林出版社2018年版，第223页。
3. 同前，第225页。

关系遂即分解为一系列不断变化的"权力-知识"结构中的事件。

由此，哈贝马斯与福柯就话语和实践的关系提供了两种整合形态：前者是奠基于交往有效性要求之上的"言语行为"，后者是交织在权力关系中的偶然无序、起伏回旋的"话语事件"。进一步，这种方法论上的差异促使两者在语用转向的背景下面临一个共同的难题：无论是有效交往的达成，还是事件轨迹的生成，两者均亟待一种主体动力学的奠基，后者涉及主体性及其自我关涉的结构与功能。

四、主体动力学

对于意识哲学的反思构成哈贝马斯与福柯共同的课题，其核心问题在于如何重新审视主体的自主力量。意识哲学旨在一种外部观察视角下"完整地把握个体内在状态与外部因果机制之间的作用效果"[1]，它假定个体中存在某些先于，并且独立于所处社会世界的基本要素，它们合力构成意识哲学解释的有效性基础。哈贝马斯指出，这一"主体-对象"的二元框架忽视了主体自主结构的一个核心要素——"主体间性"，即主体唯当在交往中展示特定的态度时才能发挥其自主性功能。因此，交往理论在一种"后形而上学"的视野下打破了意识哲学以主体为中心的概念框架，通过语用实践揭示出"自我的相互渗透的视角和相互承认的结构"[2]，从

---

1. [法] 芭芭拉·福尔特纳：《哈贝马斯：关键概念》，赵超译，重庆大学出版社2016年版，第108页。
2. [德] 尤根·哈贝马斯：《后形而上学思想》，曹卫东等译，译林出版社2018年版，第223页。

而将自我关涉性纳入主体间的认识、交往以及社会化等复杂过程。在哈贝马斯看来，福柯同样旨在一种"后结构主义"的视野下瓦解意识哲学的先验主体性，并将分析的矛头指向"使各个世界走出自身，并相互勾结的无名的话语事件"[1]，这些事件穿越自我的界限渗透万事万物，主体由此消亡，一切意义散落于话语，并游离在权力游戏所钩织的多重空间中。但是，这种"彻底的语境主义"导致了一个深层困境：

> 这一（后结构主义的）思潮使得先验主体性消失得无影无踪，致使语言交往自身内部的世界关联、言语视角和有效性要求等组成的系统也随之从人们的视野中消失。可是一旦没有了这种关联系统，现实层面之间的区分、虚构与真实、日常实践与超验经验等区分也就毫无意义。存在的家园被卷进了漫无目的的话语浪潮的旋涡之中。[2]

按照哈贝马斯的诊断，福柯将现代性的特征归结为一种人类中心论的知识型，后者立足于主体的某种自相矛盾性，即在有限复杂的内部结构中吁求无限的超越。进而，意识哲学在此双重性中将主体自身显现为一种放纵知识扩张的"求真意志"[3]，后者逐渐

---

1. [德] 尤根·哈贝马斯：《后形而上学思想》，曹卫东等译，译林出版社 2018 年版，第 225 页。
2. 同前，第 226 页。
3. [德] 尤根·哈贝马斯：《现代性的哲学话语》，曹卫东译，译林出版社 2017 年版，第 308 页。

超出主体的能力，并主宰着主体。哈贝马斯认为，正是这种求真意志构成福柯权力分析的关键，"他将这种独特的求真意志（求知意志和自控意志）加以普遍化，把它们解释成一种权力意志本身，并推定一切话语都隐藏着一种权力特征，都源于权力实践"[1]。由此，后结构主义面临的那种话语浪潮的旋涡在知识权力格栅的传导下转化为一种"求真意志的旋涡"。问题在于，这种"求真-权力"意志扩张的动力根源究竟是什么？

这里涉及哈贝马斯与福柯展示动力基础的一个共同界面，即主体的自我关涉性在认知层面上的表达。前者通过对"认识与兴趣"统一性的考察力图重建一种以自我反思为基础的社会认识论[2]，后者则通过对"知识与意志"中权力聚块的谱系学考察来重现其隐晦流变的历史轨迹。在哈贝马斯看来，福柯从考古学向谱系学的方法论转向反向昭示了后者在话语分析中所面临的一个难题：话语规则一方面使得话语实践得以可能；另一方面，这些规则只有在话语的可能条件下才会使一种话语得到理解，它们本身并不足以解释话语实践的实际功能。诚如霍耐特（A. Honneth）指出的，"他（福柯）必须为话语实践在这些实践的规律性中所揭示的生产性力量定位"[3]，结果便导致了诸如"自我调节的规律性"这样的含糊概念。为避免这种困境，福柯放弃了知识型的自主性，

---

1. [德] 尤根·哈贝马斯：《现代性的哲学话语》，曹卫东译，译林出版社 2017 年版，第 312 页。
2. [德] 尤根·哈贝马斯：《认识与兴趣》，郭官义等译，学林出版社 1999 年版，第 193 页。
3. [德] 尤根·哈贝马斯：《现代性的哲学话语》，曹卫东译，译林出版社 2017 年版，第 316 页。

将知识考古学从属于一种用权力实践解释知识发生的谱系学：

> 谱系学的历史写作清除了自我调节话语的自主性以及普遍知识型的时代顺序。从谱系学的角度看，话语如同五光十色的气泡从无名的征服过程中浮现出来，随即发生爆裂；只有在这个时候，我们似乎才能消除人类中心论的危险。福柯彻底颠倒了知识型与权力实践的依赖关系……一切不断生成知识的话语都失去了其优先性，它们与其他话语实践一起构成了具有自身独特对象领域的权力关系。[1]

话语和知识中渗透着各种的征服技术，这些技术形成了一种"主导型的权力关系"，并进一步使知识系统工具化，最终深入"有效性"范畴。权力理论的内核是将渗透在知识型中的求真意志彻底融进权力范畴，哈贝马斯指出了这一过程的两个运作：其一，设定一种"适用于一切时代和一切社会的真理构成意志"；其二，推行一种"具体的中立化"，即将独属真理话语的求真意志视为属于一切话语的权力意志的表现之一。[2] 但是，"求真意志"概念导源于一种意识哲学批判的语境，谱系学则指向对权力技术的经验分析，因此，"权力"概念就是一种融合经验描述性与先验批判性的怪胎，从而对权力理论构成深层挑战。

---

1. ［德］尤根·哈贝马斯：《现代性的哲学话语》，曹卫东译，译林出版社2017年版，第317页。
2. 同前，第318页。

显然，哈贝马斯批评福柯的一个关键思路是在认知层面上揭示权力实践与有效性要求之间的失衡状态。对哈贝马斯而言，真理的话语实践根本而言是一种以有效性要求为导向的交往行为，因此，所谓"更好论据的非强制性要求"既是构成知识陈述的正当性基础，同时，这种要求还在主体层面发挥了某种认知规范功能，它促使认知主体在人际关系中从单纯的外部观察状态步入复杂的社会性参与沟通。因此，有效性要求作为一种"绝对因素"，构成了主体超越能力与局部规范语境之间合理调度的动力基石。

而福柯权力概念的"经验-先验"的两面性结构恰恰在如下双重运作中瓦解了交往行为的聚合力与向心功能：一方面，求真意志既是一种普遍的真理构成要素，同时其本质上只能在意识哲学批判的效果历史中显现，两者之间的不可兼容性导致权力分析的经验描述失去标靶；另一方面，求真意志与权力意志的勾兑瓦解了真理与权力之间的平衡关系，"真理统治只是诸多权力统治的一种"[1]，真理的先验凝聚力自此便消散在权力游戏的永恒旋涡中，而"求真-权力"意志扩张的动力基础就在于权力关系运行下的排斥、区隔、征服、控制、差异化等机制。由此，在对权力形态的客观性分析与对现代状况的批判性诊断之间，福柯迷失了方向。总之，这一主体动力学层面的分歧对哈贝马斯来说是根本性的，其核心问题在于权力、知识与主体的关系，而正是在此问题上哈贝马斯与福柯产生了一些重要的分歧。

---

1. [德]尤根·哈贝马斯：《现代性的哲学话语》，曹卫东译，译林出版社2017年版，第318页。

在《主体与权力》中,福柯明确将研究的主题总括为"不是权力,而是主体"[1]。他指出,考古-谱系学的目标并不是分析权力现象及其基础,而是"创建一种历史,这种历史包含多种不同的模式,通过它们,人在我们的文化中被塑造成各种主体"[2]。福柯从一开始就自觉地接续康德以来启蒙批判的传统语境,因为正是权力、知识与主体之间三元交互构成了启蒙批判的核心。所谓批判就是"主体对真理的权力效果和权力的真理话语的质疑",即主体通过一种自主反抗在真理语境下"解除自身的屈从状态"[3]。他指出,19世纪以来实证科学的崛起、国家系统的发展以及融合两者的国家主义之间紧密交织,并且合力为理性批判的如下观念提供了切实的历史支点:由于权力的过度和治理化的渗透均得到了理性自身的论证,因此理性应当负有不可推卸的历史责任。由此,福柯与哈贝马斯面临一个共同的问题,即合理化如何导致了权力的狂热?基于这一共同背景,福柯一度将法兰克福学派视为同道:

> 无论是对意义之构成的研究所发现意义仅仅由能指的强制结构所构成,还是对科学合理性的历史的分析而将强制效果与其制度化模式的建构联系起来,所有这些,这种历史研究所做的一切,就像清晨的阳光透过某种狭窄的学院之窗,

---

1. [法]米歇尔·福柯:《自我技术:福柯文选Ⅲ》,汪民安译,北京大学出版社2016年版,第105—138页。
2. 同前,第107页。
3. [法]米歇尔·福柯:《什么是批判:福柯文选Ⅱ》,汪民安译,北京大学出版社2016年版,第177页。

融入了毕竟已是我们19世纪历史的深沉底流中。[1]

福柯指出，这一任务要求一种"历史-哲学实践"，后者根据这样一个横贯始终的问题来编织历史："表达真实话语的理性结构和与之相关的压制机制之间的关系"[2]。显然，这一策略旨在通过对历史内容的析取来消除哲学问题的主观性，进而捕捉那些隐藏在权力效果、真理机制与历史内容之间的交织关系。然而，在如何展开这一程序上，福柯与哈贝马斯提出了不同看法。福柯认为，康德以来关于启蒙问题是从"现代科学建构时代知识的历史命运"这一知识性角度被提出来的，它将知识的构成条件与合法性条件关联起来，并剖析历史上偏离合法性的方式与根源。福柯称此方案为一种"认知的历史模式之合法性研究"（哈贝马斯无疑位列其中）。他本人则推行一种"事件化程序"，即"把启蒙问题当作它接近权力的问题，而非知识问题的途径；不是作为合法性研究，而是一种事件化的检验"，它关注强制机制与知识要素之间的关联，以及两者之间的互替游戏如何使得"一个特定的知识要素在一个特定的系统中具有权力效应、一个强制的程序获得了一个合理的、适当的、技术上有效的要素的形式与正当理由"。[3]

由此，"知识"与"权力"概念在福柯那里仅仅具有一种方法论含义，并不存在恒定的、唯一的、自行运作的知识或权力形态。

---

1. ［法］米歇尔·福柯：《什么是批判：福柯文选Ⅱ》，汪民安译，北京大学出版社 2016年版，第 177 页。
2. 同前，第 186 页。
3. 同前，第 189—190 页。

知识与权力只是一种"分析格栅"[1],其关切不在于描述知识或权力之所是,而是必须描述一个知识-权力网络,以便理解是什么构成了一个系统的可接受性:

> 简言之,似乎从一个整体的对于我们的经验可观察性,到其历史可接受性,再到它可被实际观察的那段时期,都贯穿着对支撑着此整体的知识-权力网络的分析,在它被接受的地方重新把握它,了解是什么使它可被接受……于是,这里就有一种程序,它不关心合法化,从已被接受这一事实出发,到达已从知识-权力的相互作用的角度分析结果的可接受性体系。[2]

事实上,正是对知识与权力概念的这一方法论向度的忽视导致哈贝马斯在诊断权力理论时出现了偏差。对哈贝马斯而言,尽管交往活动是一个包含多重运作的复杂系统,但社会与文化在交往理性的有效性导向下,总体上呈现为一个合理化的整体形态。交往行为的核心是沟通,沟通的目的是达成共识,共识的基础则是主体间对于有效性要求的认可,因此,"通过沟通的协调行为和意义理解就达到了某个客观领域,从而为交往理性的内在合理结构赋予某种普遍有效性"[3]。福柯对此提出疑问,我们所面对的并不

---

1. [法]米歇尔·福柯:《什么是批判:福柯文选Ⅱ》,汪民安译,北京大学出版社2016年版,第191页。
2. 同前,第192页。
3. [德]尤根·哈贝马斯:《交往行为理论》,曹卫东译,上海人民出版社2018年版,第175页。

是个在合理化运作下呈现为整体形态的社会文化,而是一系列彼此相异的微观领域的聚合与叠加,这些领域立足于种种基本经验(诸如疯癫、疾病、死亡、犯罪、性等)在知识-权力网络中的事件化。他由此指出,"理性化是一个危险概念,应该做的是对特定的合理性进行分析,而不应总是求助于普遍的理性化过程"[1]。

哈贝马斯正是在前述"认知合法性"的研究框架下将福柯的权力概念理解为一种旨在现代性广泛层面上展开的"权力化模式",后者在谱系学的历史写作下指向一个对象领域,"权力理论则从该领域中消除了生活世界语境所固有的一切交往行为特征"[2]。权力关系涉及对抗、克服以及策略行为等过程,因此一切包含在言语实践中的诸如规范、价值或理解等这样的一体化稳定机制就失去了效力,这点导致了如下困境:"如何才能从一种持续斗争的社会状态下形成一种高度聚合的权力结构"[3]?哈贝马斯进而指出,权力化模式对语言一体化力量的解构伴随着一个更加关键的运作,即将主体的社会化与个体化相分离,并代之以一种彻底的内在化:

> 福柯从个体性概念中彻底消除了自我决定和自我实现的含义,把个体性还原为一种内在世界,它是在外在刺激下产生的,而且带有可以随意操纵的想象内涵……问题在于,这一由

---

1. [法]米歇尔·福柯:《自我技术:福柯文选Ⅲ》,汪民安译,北京大学出版社2016年版,第111页。
2. [德]尤根·哈贝马斯:《现代性的哲学话语》,曹卫东译,译林出版社2017年版,第337页。
3. 同前,第338页。

权力实践所引起的心理膨胀模式，是否会导致对主观自由增长的描写遮蔽住关于自我表现和自主性的活动空间的经验。[1]

由此，两者的分歧便延伸至主体的个体化与内在化之间的关系，所聚焦的核心问题在于主体的自我关涉性如何与现代交往实践或现代权力形态相互兼容。对于哈贝马斯而言，自我关涉性与主体间性将在理性化的人际交往中得到合理的调度与平衡；对于福柯而言，自我关涉性将在生命政治的权力规训中得到贯彻。无论哪种方式，它们均进一步指向"自我"的界限及其在实践关系中的证成。

五、自我关涉的确证

现代主体的自我关涉性要素在意识哲学中所遭遇的困境构成了哈贝马斯与福柯共同的主题。正是在主体的自我两重化运作中，福柯发现了权力意志的结构化与普遍化的基础，而对自我两重化困境的分析又为哈贝马斯诊断权力理论提供了一个重要的视角。福柯指出，现代性的一个基本特征在于现代主体的一种自反化本性，后者迫使主体从两个互不相容的方面来建立自我关涉，他称之为主体的一种"自我折磨的两重性"[2]，并体现在如下三种矛盾关系中：

---

1. ［德］尤根·哈贝马斯：《现代性的哲学话语》，曹卫东译，译林出版社2017年版，第228页。
2. 同前，第309页。

首先,是"经验-先验"的矛盾,即自我既是受制于自然关系的经验主体,又是一种具有反思综合能力先验主体。意识哲学(从黑格尔到梅洛-庞蒂)试图通过一种综合两者的努力来克服这种张力,即"把先验形式的具体历史理解为精神或人类的自我创造过程",从而导向"一种试图彻底认识自我的乌托邦",最终落入"实证主义的窠臼"[1]。

其次,是"自在-自为"的矛盾,即主体一方面是世界中偶然的、不透明的自在物,另一方面,又力图通过反思将自在透明起来,并提高到自为的意识高度。意识哲学(黑格尔-弗洛伊德-胡塞尔)试图在反思中将给定事物从无意识的黑暗纳入意识的光亮,以此揭示主体的隐蔽基础,这点导致了"一种追求自我透明的乌托邦",最终陷入"虚无主义和极端怀疑主义"[2]。

最后,是"源始-创造"的矛盾,即主体既是历史的产物同时又是历史的缔造者。对此,两种意识哲学范式("谢林-马克思-卢卡奇"式历史哲学与"荷尔德林-尼采-海德格尔"式存在哲学)通过一种向着源始的回返来昭示创造的方向,这点导致了"一种解放的乌托邦",最终陷入某种"末世论冲动"。[3]

哈贝马斯指出,福柯将这些自我重合的困境归咎为一种普遍的求真意志对主体动力基础的遮蔽,后者是一种渗透在自我认识与自我物化中的结构性意志、一种依附于权力实践的权力意志。

---

1. [德]尤根·哈贝马斯:《现代性的哲学话语》,曹卫东译,译林出版社2017年版,第309页。
2. 同前,第310页。
3. 同前,第310—311页。

因此，上述自我重合的三重样态在福柯那里毋宁说就是这种结构性意志在不同层面上的权力效应。于是，主体的个体化与内在化之间的二维张力就在自我关涉的维度上，转换为个体化、内在化与权力意志的客体化之间的三维张力，而福柯对此提供了一种激进的应对程序：一方面，将自我的内在化最大限度地扩张为普遍权力意志的结构化渗透；另一方面，将自我的个体化过程最大限度地收缩在权力关系运营下的一系列临界经验，两者最终合力将主体与自我的关系抛至一种绝对的客体化旋涡、一种永恒的"时代的俗命"里。因此，哈贝马斯主张，权力理论毫无疑问隐秘而结实地拥抱了主体哲学的内核，而一种福柯主义的"自我治理"的证成术，最终只不过沦为了一种独白静默的美学内省：

> 自我技术促使主体通过一种规律的练习与自我构建了一种关系。主体获得一种自身特有的伦理坚实性，一种现代人的心理隐秘。这种厚度是被历史贯穿的，为个体构建出自身某种体验的结构，这种体验决定了他与躯体、他人和世界的关系。[1]

对哈贝马斯而言，上述关于自我重合的三重分析实际上恰恰是体现"意识哲学范式穷竭的症候"，消除这种症候的方式就在于从意识哲学范式转向交往范式，主体的自我关涉性则从客体化立

---

1. [法] 米歇尔·福柯：《主体性与真理》，张亘译，上海人民出版社2019年版，第371页。

场转向了一种人际关系中的"完成行为式立场",一旦自我做出行为,而他者采取了相应的立场,他们就进入"一种由言语者、听众和当时在场的其他人所具有的视角系统构成的人际关系"。[1]哈贝马斯据此指出,言语行为的规则性对"经验-先验"的超越,交往情境的共通性对"自在-自为"的熔炼,以及社会系统的多级性对"源始-创造"的兼容,分别克服了前述自我重合的三重压迫,从而使那些困境失去了意义。于是,语言关系中的三元人称转换与完成行为式的有效性要求共同构成言语主体自我确证的界限,从而取代了意识哲学单纯反思性的自我意识。

基于此,哈贝马斯提出了交往行为的一种特殊的反思性的"自我关涉性"。它无关乎以客体化方式与自身建立关联的认知主体,而是关乎交往行为中话语和行为的"分化",即围绕假设的有效性要求所展开的各种论证。在反思层面上,"主体间性关系的基本形式在支持者和反对者对峙的过程中获得了再生产,这种主体间性关系一直都用与接受者的完成行为式关系来调节言语者的自我关系"[2]。由此,主体间的交往、理解与承认就包含了一种交往理性的约束力,它将一种合理化的规范内容灌注到主体间的人际关系,从而将后者组织为一种稳定、共同的生活方式。问题在于,如何理解这种规范性约束力的本性?除了将其描画为一种具体生活实践的整合倾向以及交往分化进程的再生功能外,哈贝马斯对

---

1. [德]尤根·哈贝马斯:《现代性的哲学话语》,曹卫东译,译林出版社2017年版,第348页。
2. 同前,第375页。

此似乎无甚着墨，而这点恰恰是他原本可以和福柯深度"交往"的地方。

哈贝马斯在整体上将福柯的权力概念理解为一种客体化的结构性力量、一种意志实体，从而误解了福柯关于权力本性的分析。福柯认为，权力可以在"物"和"人"两个不同的层面来施展，在前者那里是一种"能力"，在后者那里是一种"游戏"。他所聚焦的是人与人之间的权力游戏，在此权力体现为一种"伙伴"关系。对他而言，权力并非实体，权力只有在主体间的行为中相互施展时才能存在，因此，真正重要的是"权力关系"而不是权力本身。于是，在权力关系的运行中就蕴含着一种与哈贝马斯的可能对接：权力关系与交往关系的深层关联。对此，福柯强调权力关系的特殊性因而有别于交往关系：

> 有必要将权力关系与交往关系区分开来。后者通过语言、记号系统或者其他的符号媒介来传递信息。无疑，交往也总是明确地作用于某个（群）人的方式，但是，意义要素的生产和流通，无论是作为目的或后效，可能会在权力领域中出现，后者不单是前者的一个方面。权力关系无论是否穿越交往系统，它们总是有其特殊性。[1]

因此，不应将权力关系、交往关系和客观能力混为一谈。实

---

1. ［法］米歇尔·福柯：《自我技术：福柯文选Ⅲ》，汪民安译，北京大学出版社2016年版，第124页。

际上,三种关系类型总是"彼此叠加、相互支撑,为了让对方作为实现自己目的的手段而相互利用"。三者既不同步也不稳定,它们一方面依据特定的场域、环境和情景钩织为一个规范而协调的"聚块",另一方面,由于场景和形式的多样化又不断发生变形和转化。显然,正是这种区分为权力关系的运行提供了重要的条件,即权力关系唯有在他者被确立为行动主体时才得以可能:

> 权力的施展不是隐秘的暴力,也不是改头换面的同意(consent)。它在这样一个可能性领域中运作:行动主体的行为能够自我刻写,它是一套针对可能性行为的行为……因此,权力的施展是一种行为引导(conduct)和可能性的操纵。从根本上说,权力不是双方的对峙或交锋,而是治理(government)问题。[1]

较之在国家政治结构层面的通常理解,"治理"在福柯那里还获得了一个新的含义,即被理解为一种"引导"和组织个体或集体行为之可能性领域的方式,并且展开为治理他人与自我治理两种方式。这点引出了权力关系的另一个重要内涵,即自由。"权力只有在自由的主体身上,并且只是在他们自由的情况下得以施展"[2],纯粹奴役状态下并不产生权力关系,只有存在移动和逃脱的可能时

---

1. [法]米歇尔·福柯:《自我技术:福柯文选Ⅲ》,汪民安译,北京大学出版社2016年版,第128—129页。
2. 同前,第130页。

才会构成权力关系。因此,权力与自由就不是相互排斥的要素,而是处于一种复杂的互动。在权力游戏中,自由恰恰是施展权力的条件。哈贝马斯误解"自我治理"的根本原因就在于此。福柯明确指出,权力与自由的互动表明权力关系植根于社会关系中,因此引导状态下的他人治理与自我治理均得到了某种社会性的奠基,从而无法严格地割裂两者。主体在他人对自身的治理中获得了一个自由的身份,而正是在此自由状态下他才能施展其"自我技术"、才能"关心自己"(epimeleia heautou)[1],作为一种主体的伦理实践,"治理"与"关心"并不将自我置于某种独白静默的美学内省。因此,权力与自由的社会化交互就构成了主体自我确证的基础,只有在与权力阴影永恒的挑逗中,主体才能在自由中成就自我。

现代主体的自我确证在更深层面上关涉启蒙与批判的关系。哈贝马斯指责福柯这样的"尼采主义者"忽视了现代性的一个重要方面,从而陷入了一种激进主义的理性批判:现代性的哲学话语本身就包含一种"反话语"[2]。他指出,一种自我设定的排他性理性必然要预设一种更具包容性的理性概念,而这种排他性理性向包容性理性的过渡本质上"仅仅是用渗透的权力类型来补充排斥的权力类型"[3],因此,"理性的他者"就亟待一个永远外在于理性的位置。但是,哈贝马斯质言,"如果理性在先验意义上都无法进

---

1. [法] 米歇尔·福柯:《主体解释学》,余碧平译,上海人民出版社2019年版,第5页。
2. [德] 尤根·哈贝马斯:《现代性的哲学话语》,曹卫东译,译林出版社2017年版,第352页。
3. 同前,第353页。

入,那么在此坚持理性还有什么意义呢"[1]?在哈贝马斯看来,20世纪以来日益显著的现代性困境根本而言是理性内部话语与反话语之间争端的产物,而不是理性与非理性之间抗争的后果,他进而力图通过交往理性的合理化调度来平衡这些争端。然而,该策略立足于一个重要的基点,即交往行为论证形式的有效性要求这一"绝对因素"。对福柯而言,这种绝对因素恰恰会破坏由权力关系、交往关系以及客观化能力所共同钩织的社会关系的动态平衡。重要的并不是如何将主体的自我证成纳入某种整体性的合理化调度,而是在与各种微观层面上的权力互动中寻求自由的自我确证。无论如何,面对日益复杂的现代性状况,哈贝马斯在一种更为厚重的地缘视角下深刻地诊断了根植其中的各种症候,福柯则在一种更加广阔的历史界面上为种种症候提供了一个坚实的动力根源。面对现代性的历史迷思,哈贝马斯与福柯从不同方向合力指向了一个共同的教导:只有最大程度上忠实于一种深刻的错误,才能最大限度地理解这种错误的深刻。

---

1. [德]尤根·哈贝马斯:《现代性的哲学话语》,曹卫东译,译林出版社2017年版,第353页。

第六章
符号场域下的情境认定

"异质性的话语包含一种变动不居的、具有颠覆性的符号力量。"
——皮埃尔·布尔迪厄[1]

在现代性实践论域下存在两种关于话语实践的整合形式：基于交往有效性要求的"言语行为"与交织在权力关系中的"话语事件"。无论是有效性要求的达成，还是权力聚块的生成，两者均试图通过承诺某种实质的、绝对的本体要素来规定话语实践的本性，从而为社会结构与功能给予直接的说明。实际上，两种策略都仅仅着眼于社会关系的一个局部面相，从而忽视了社会关系的多重性。质言之，在话语实践的规范界面上，对于社会关系只能提供一种"间接说明"，这点要求一种新的概念调度。进一步，在一种融合了维特根斯坦实践哲学旨趣与布尔迪厄社会学反思的理论视角下，关乎资本与社会内在关系的微观探查将有助于我们获得一种理解实践逻辑的可能性。

一、资本场中的话语实践

毫无疑问，资本叙事构成现代性话语实践的一个核心部分，

---

1. P. Bourdieu, *Language and Symbolic Power*, Cambridge: Polity Press, 1991, p.227.

而资本与社会（包括政治、经济、文化等）的深层交互亦显著地折射出现代性实践本身高度的复杂性。随着对现代社会关系之决定性方面的不同侧重，有关资本性质的理解同样在发生变化，现代资本的不同表达形式则反过来影响并塑造着社会关系的复杂结构。如前所述，基于交往与权力的两种有关话语实践的整合形式在一定程度上同样揭示出两种表征社会关系之决定性方面的方式，它们分别从不同的侧面刻画了社会关系的规范特征，并且在现代资本的实践场域中得到了相应的呈现。在探查资本与社会的复杂关系时，对于这点要给予一种更加系统的理论透析、一种概念上的深度审视。在很大程度上，布尔迪厄的"符号资本"(symbolic capital) 概念正是用以标示这种复杂关系的一次富有成效的理论尝试，尽管其效力仍是局部的。其中，现代资本社会经由理性交往与权力运作的双重淬炼，在形形色色的话语实践中被局部地转化为特定的、虚拟的、自反的象征结构，这些结构化运作及其蕴含的暴力属性进一步规定了对于符号资本的伦理反思。

前文指出，关于话语实践的两种整合形态在社会解释层面上均面临某种困境。交往理论假定，社会关系植根于一种广泛的、包含理性认定的语言联系，但问题在于如何理解语言自身有效性认定的基础。对此，哈贝马斯承认语言内部存在某种先验的绝对因素，它本身溢出语言批判，并构成一切话语实践的条件。权力理论同样关注社会系统的结构性要素。在福柯那里，权力概念尽管更多地侧重于方法论意义（即作为一种理解社会结构的分析格栅），但正是基于这种策略，才能确保有关社会系统的解释有效性。因此，权力本身就具有了某种意义上的先验性和实质性。换言之，无论是有效性要求的达成，还是权力聚块的生成，两者均承诺一种实质的、绝对的本体因素，期许一种有关社会结构与功能的"直接说明"，从而使得两种话语理论均面临一定的解释局限性，这点尤其体现在资本关系的界面上。

交往关系模式强调理性在人称转换中，对处于人际关系中的主体的调度与平衡，通过诉诸社会关系之外的高阶基础（比如合理性、交往理性）来实现社会关系在资本场中的相对稳态。这点决定了在交往关系中，资本的表达更侧重于一种"具身化的"（embodied）形式，比如体现为特定的语言游戏和生活方式的选择。权力关系模式则旨在揭示社会资本关系的有效性依赖于权力关系自身的传导、增殖和转化。因此，在权力关系中，资本的表达更侧重于一种"客观化的"（objectified）形式，并且具有一定的物质外观，比如艺术品、科学配置、文化载体等。实际上，福柯的工作清晰地呈现了这种隐含的理论关联。

问题在于，面对一个日益复杂的现代资本的实践场，两种解释模式均无法给予某种整全性的考量。事实上，对于资本具身化与客观化的强调都仅仅着眼于资本社会的一个局部面相，并且都忽视了现代（资本）社会关系的流动化、自反化与虚拟化等之间的联动特征。质言之，对于资本社会只能提供一种"间接说明"，这点要求一种新的概念调度：不仅仅是就理解现代资本实践提出新的尝试，而且要就整个现代实践的基本特征及其内在的运行逻辑给出恰当的刻画与反思。就此而言，这正是"符号资本"概念的要旨所在。

二、"符号资本"

诚如前述，交往理论与权力理论构成理解社会本质的不同范式，然而在如何安置资本的问题上，两者实际上采取了某种相似的策略。在某种程度上，它们均在一种经济学视域下赋予资本一种后发的次级形式：资本要么被看作一种"工具理性"主导下的社会产物，要么被当作权力关系得以运行的特殊介质。布尔迪厄敏锐地意识到，这种简单化的理解实际上错过了"资本"概念所包含的强有力的解释力，后者为有关社会本性的解释提供了重要的扩容（transubstantiation）：

> 事实上，直接对社会世界的结构和功能加以解释是不太可能的，除非我们重新引入所有形式的资本概念，而非仅仅在经济学意义上。经济学理论对资本的使用掩盖了一个事实，即这种对于经济实践的定义本身是资本主义的一项历史性发明；把普遍的交换缩减为商品交换，在主观与客观上都以利益最大化为指向，比如说经济学意义上的"利己的"（self-interested），这在暗中也将其他的交换形式定义为非经济的，也就是非功利的。尤其是，它将某些交换形式定义为非功利的，从而就可以实现一种"扩容"，即将资本最为物质的形式——也就是那些最严格意义上的经济资本——表现为文化

资本或社会资本的非物质形式，反之亦然。[1]

这一关于"资本"的解释扩容要求重新审视社会关系的决定性方面。布尔迪厄指出，问题的关键并不在于就社会要素的某一方面给予实质确证，而是应当突破经济与非经济、具身与客观、事实与价值之类的二元框架的束缚，系统地质询所谓决定性关系的基本结构以及包含其中的各种"误识"（misrecognition）机制。他由此借助"习性"（habitus）与"场域"（field）之间的交互作用，将资本纳入一种更加广泛的社会系统、一种不断转化和流动的实践关系中，它们合力构成一种"社会空间"。在布尔迪厄看来，真正重要的是符号资本所属场域之间互相联系的矩阵：

> 从某一维度上看，一个确定的标签序列其定位往往与其文化上的一系列补集相连，并通过其对立面而处于另一种否定关系中。相似性逻辑于是就被自动地赋予了一种差异性逻辑，可能是连续的也可能是非连续的，而这些关系就以结构的方式建立起了社会空间，或者说，也是社会空间结构的反映。布尔迪厄方法的核心就是这样一种原则，即这样一种关系对这些标签进行了价值限定，而不是关于这些标签真正层面上的是其所是的探究。在符号场域中，价值实际上是任意

---

[1]. P. Bourdieu, *Education, Globalization and Social Change*, UK: OUP Oxford, 2006, pp.105–106.

性的，而符号暴力与文化资本联手造就了我们的误识。[1]

在由"习性"和"场域"所钩织的实践关系中，符号与资本之间的深层运作产生了强大的效能。符号资本规定了场域运行的法则，并且呈现为一系列象征机制，它们构成社会分级的动力。布尔迪厄由此强调，在社会关系与符号资本之间存在着一种系统的平行、同源性关系，"在它的体制性与具身性形式之中以其习性为调节"[2]。所谓"习性"，概言之，就是一个人依然具有的、但是又被并入稳定的性情形式当中的东西，布尔迪厄将之刻画为一些持久转化的"有结构的结构"，并且倾向于作为一种促结构化的结构发挥作用。正是在这种多重的结构化运作中，符号资本亦呈现出多种形式。不同于交往或权力的单向度的规定，符号资本在场域之间复杂的内在关系中，以及在社会空间可能的位置间的外部关系中不断发生转化和增殖。

在此，布尔迪厄旨在借助一种经济学隐喻来重构社会实践。他将"实践"规定为这样一个著名的等式：[（习性）×（资本）]+场域 = 实践[3]。实践是行动主体的习性及其在资本场域中所处的位置，是两者在现行社会场域状态下合力运作的结果。因此，"实践"就不仅仅是行动主体基于自身习性的产物，而是源自习性及其所处的现行境遇之间的关系。基于这种实践观，布尔迪厄强调

---

1. M. Grenfell, *Pierre Bourdieu: Key Concepts*, Durham: Acumen Publishing Limited, 2008, p.108.
2. Ibid., p.109.
3. S. Collinsed, *Media, Culture and Society: A Critical Reader*, London: Sage, 1986, p.101.

社会实践根本而言是一种"利益导向活动"[1]，并不存在某种纯粹的无（非）功利的实践。但是，这并不意味着布尔迪厄陷入了一种基于理性选择的粗糙的经济主义，相反，"符号资本"恰恰意在突破狭隘的经济主义方法论，旨在一种整体历史态度下全面把握社会实践的内在机理，这种态度将同时关涉社会、政治、经济、文化等场域关系。

因此，社会关系与符号资本的关系就在这种动态场域化的象征界面上从一种单义化的实质映射转化为一种多重联动的"现象学式的导引"[2]，后者指归于一种基于过去、现在与未来的整体历史态度。其中，个体经济实践更多地被视为一种基于预设的筹划，实践中所发生的事情是由利益的强度决定的，"当个体面对客观的社会条件时，过去已经被带入了未来的筹划，并且过去就是呈现在现在之中"[3]。正是这种整体态度下的筹划显明了经济主义及其预设的"理性行动理论"（或"理性选择理论"）的理想性，它们忽视了任何个体习性之所以是"理性"行动，是因为预设了一种在具体而恰当的社会时空中对经济与文化资本的占有。

布尔迪厄进而指出，理性行动理论忽视了一种旨在赋予利益活动以真实性的历史性虚构，后者包含着某种类似于宗教运作的"游戏感"。这种游戏感"通过习性而蕴含在对于未来的适当预期

---

1. D. Swartz, *Culture and power: The Sociology of Pierre Bourdieu*, US: The University of Chicago Press, 1997, p.70.
2. M. Grenfell, *Pierre Bourdieu: Key Concepts*, Durham: Acumen Publishing Limited, 2008, p.163.
3. Ibid.

中，当我们面对场域的必然性与可然性时，这种游戏感就被塑造为一种'意向未来'的东西"[1]。布尔迪厄认为，所谓理性行动/选择理论毋宁说只是一种经验性腔调下的"人类学谬误"，即仅仅基于某种被建构的真实性幻象来为利益行动提供确证，"把认识主体置于行动主体的分析之中，把逻辑的事情当作了事情的逻辑"[2]。由此，布尔迪厄结合前述有关实践的规定对流行的"经济主义"给予如下诊断：

> 由于经济主义不承认资本主义通过某种真实的抽象化操作，通过建立一个马克思认为是建立在"冰冷的现金支付"基础上的人与人之间关系的世界而产出的利益之外的利益，经济主义也就无法把真正意义上的象征利益纳入自己的分析中，当然更无法将其纳入其计算中，而我们只能在将其归结为感情或激情的非理性的情况下才能偶尔承认象征性利益。事实上，在一个（狭义的）经济资本和象征资本几乎可以完全互相转化的世界中，引导行为者战略的经济计算会通盘考虑经济的狭义定义无意识地丢进经济非理性范畴的收益和损失。简言之，与"前资本主义"社会或资本主义社会的"文化"范畴中天真的田园牧歌式的意象相反，实践即便在显示无私的表象时也依然遵循经济计算，因为实践摆脱了狭义的

---

1. M. Grenfell, *Pierre Bourdieu: Key Concepts*, Durham: Acumen Publishing Limited, 2008, p.164.
2. Ibid.

利益计算的逻辑，并转向了非物质和难以量化的范畴。[1]

布尔迪厄明确指出，（前）资本主义社会不同于后资本主义社会之处在于，前者总是受制于一种财富最大化的利益观念，而后者致力于揭示作为社会实践之根本的经济本性，即从一种狭义的"经济实践"过渡至一个更加整全的"实践经济"。事实上，晚近资本主义的发展亦已印证了这个转变。比如经济资本大规模地、大范围地转化为一系列多元、复杂的非经济资本形式（布尔迪厄基于社会、文化、政治、教育等多重场域详细分析了相应资本形式的构成与运作），并且逐渐取代理性计算与机制决断成为表达场域利益的优先媒介。在一定程度上，这些媒介已经是符号化了的，但是它们潜在的理性基础仍然是经济的，"绝大多数的行动在客观上是经济的，但是在主观上则是非经济的。我们的利益从根本上讲还是以经济为后果的，但是却并不总是全部以经济术语来表达"[2]。布尔迪厄由此提出了一个纲领性的论断："狭义上的经济实践理论只是某种一般实践经济理论的一个特例"[3]。从"经济实践"（economic practice）扩展至"实践经济"（economics of practice），这点既要求一种基于"符号资本"的方法论筹划，同时，整体社会生活实践的符号化进程亦呼求新的伦理确证。

---

1. P. Bourdieu, *Outline of A Theory of Practice*, UK: Cambridge University Press, 1977, p.177.
2. M. Grenfell, *Pierre Bourdieu: Key Concepts*, Durham: Acumen Publishing Limited, 2008, p.158.
3. P. Bourdieu, *Outline of A Theory of Practice*, UK: Cambridge University Press, 1977, p.177.

三、实践经济逻辑

对布尔迪厄而言,重点在于符号资本打破了"具身性"和"客观性"的双重制约。简言之,符号资本在"场域-习性"不间断的结构化建构中保持为一种自主变化与代际更替的动态平衡,这种平衡为理解社会世界的流动性机理提供了新的论证依据,这点进一步要求我们重新审视行动主体的理性能力。在符号资本的象征化运作中,理性功能从一种基于有效性与合理性的机制性的"决断"(determination)转向一种立足于整体历史实践态度的符号化的"牵引"(instruction)。布尔迪厄由此指出,前述那种"实践经济"毋宁指涉一种内在于实践的理性,其原初性并不基于理性算计或机制性决断这类外在于行动者的东西。作为一种理性实践的结构化建构,这种经济可以通过所有种类的功能之间的关系得到界定。正是这种理性实践的自洽性恰恰构成正统经济学的盲点:

> 人类的实践活动不是受机械、呆板的因素的驱使,就是出于自觉的意图,来努力使自己的效用最大化,从而也就服从了一种千古不变的经济逻辑,这就是正统经济学的观点。它就是看不到,除了这些,实践活动还可以有其他的准则。这就是说,是实践形塑着一种经济,它遵循着某种固着的理性,但这种理性却不能局限于经济理性,因为实践经济(the economy of practice)的全貌涉及广泛多样的职能和目的。要是把丰富多彩的行为形式归结为机械的反应或是仅出于目的的明确的行动,又怎么能够说清楚所有那些虽不是出于有根

有据的意图,甚至也没有特意盘算过,但却也是合情合理的实践呢?[1]

这种固着于实践经济界面上的内在理性构成社会关系和社会秩序的动力根源,它打破了经济事项与非经济事项之间的界限,揭示出前资本主义社会与现代资本主义社会之间的深层共性,即一种在符号资本的转换交易中所展现出的实践逻辑。基于这种"实践经济逻辑",布尔迪厄尝试构建一种更为综合的社会实践理论,一种关于整体实践经济的"普遍科学",它既能有效解释那些旨在将物质或象征收益最大化的经济实践的运行方式,也能有意义地对待所有其他的实践活动,包括那些无私、无利(因而无经济意义)的实践。"作为社会物理学能量的集团聚集的资本,符号资本总是不断与其他资本联系,并根据使用方法增减。"[2] 因此,"符号资本"表面上呈现为有关狭义经济行为与物理资本的特定转化形式,但在更深层面上,符号资本本身构成物理资本的某种隐匿模式,后者旨在掩盖如下事实:资本的物质形式恰恰就是产生符号资本及其运行方式的根源。只有隐藏了这一事实,才能保证符号资本所期许的那种基于虚拟实践感(或游戏感)的象征化效果。

因此,包括狭义经济关系在内的多元社会结构只有在一种符号化的实践逻辑中才能得到理解,这点关涉如何在布尔迪厄式的

---

[1] P. Bourdieu, *An Invitation to Reflexive Sociology*, Cambridge: Polity Press, 1992, p.119.
[2] Bourdieu, *Outline of A Theory of Practice*, UK: Cambridge University Press, 1977, p.183.

实践观中理解话语实践的本性。在符号资本的界面上，话语实践密切依赖于"实践经济"的逻辑运作。如前所述，符号化的实践逻辑类似于宗教化的运作方式，它在一定程度上承担着建构一个"完善幻象"（well-founded illusion）的职责，后者在社会关系中植入了一种虚拟的真实性，并且在习性和场域的联动实践中被塑造为一种趋向未来的游戏感。就此而言，生活轨迹并非一种单纯的蓄意计谋，而是"对于生活绽出之物濒于应付的结果"[1]。在这种游戏实践中，社会关系便逐渐由一种单纯理性引导的"生活世界"转向一个符号化的"后资本"的实践场域，其虚拟性、仿真性以及多元对应性均旨在解除"社会关系之决定性方面"这一理论幻象。正是在此意义上，无论是基于有效性要求的交往关系，还是隐藏在话语事件中的权力关系，两者都试图在这种"决定性因素"的信念下寻求对具体生活实践的整合，从而共享了某种激进性。而在实践逻辑的运行中，这种游戏感的象征性在一种"意在未来"的实践经济的整体趋向性与个体行动的自主性之间建立了某种平衡，人们"可以拥有理性但不必依赖理性来思考，可以非常'经济'但不必对利益锱铢必较"[2]。即使生活实践整体上朝向未来，但种种关于未来的行动始终是当下的。因此，这种游戏感总是提醒人们，一个游戏只有在忘记自己是游戏的情况下才是一个好游戏。

然而，象征游戏同时为交往和权力提供了某种可能的汇通。

---

1. M. Grenfell, *Pierre Bourdieu: Key Concepts*, Durham: Acumen Publishing Limited, 2008, p.166.
2. Ibid., p.165.

无论是实践经济中的利益还是在这种利益基础上所孕育的价值，它们总是一种历史建构的产物，总是产生于特定的社会历史情境。根据布尔迪厄的分析，游戏感本身就随附着特定习性场域中社会关系的分层，而当代社会的这种层级和不平等及其带来的苦难，更多的并非源于身体性的强力，而是一种符号统治。这种统治并非一种物理压制或屈从，而是处于象征游戏中的行动者一俟根据自身社会身份来进行利益表达就必然所伴随的一种"符号暴力"，而人们通常总是在不知情的情况下就成为符号暴力的一员。由此，无论是交往行动的有效性，还是权力话语的压制性，它们实际上均是这种符号暴力在言语实践中的特定例示，同时彰显了符号暴力与语言的紧密联系：

> 事实上，符号暴力也是语言所带来的后果。在布尔迪厄看来，和交流相似，语言也是权力和行动的工具；语言自身就是一种统治形式，随着符号统治在所有社会建构中的深度渗透，它对于当代资本主义社会的意义也日益重大。[1]

更重要的是，这种基于语言的符号统治往往会被社会成员误识并加以内化，从而加固这种统治性的符号系统。在特定场域中，既得利益者往往会在相当程度上圣化这种符号系统，同时促进其再生产，其结果就是符号暴力的不断增长。由此，布尔迪厄扩展

---

1. M. Grenfell, *Pierre Bourdieu: Key Concepts*, Durham: Acumen Publishing Limited, 2008, p.183.

了暴力的形式,并且由于符号系统的误识机制使得挣脱它将变得非常困难:

> 布尔迪厄界定出了一种暗中为害的暴力形式。由于它常常是被误识的,并且在某些层面上比其他的暴力形式更加温和,对于它的反抗也是殊为不易的。符号统治就如同空气一样的东西,某种你感觉不到压力的东西。它无处不在,也处处不在,因此想要逃脱它的控制就异常困难。它之所以是无处不在的,是因为我们都生活在符号系统里,生活在阶级性与分类性的系统里,被强加以阶级分异,以及知晓世界与存在于世界之中的方式,这些都从根本上散布着苦难,并且限制着我们对于改变世界之可能性的想象方式。它同时是处处不在的,因为它既温和又微妙,我们无法太具体地感知到它的存在,更不用说还能发觉它们是绝大部分暴力和受难的根源所在。[1]

我们向来已经生活在各种各样特定的符号系统与阶级分异中,因此也必定会受制于相应符号暴力的统治。就此而言,这种源于各种社会象征系统的符号统治在很大程度上就构成了"实践经济"得以运行的动力学机制,而符号资本毋宁可被视作有关这种符号统治的一个经济学转喻。资本形式与实践范式的扩容也是暴力机

---

1. P. Bourdieu, "In Conversation: Doxa and Common Life", *New Left Review*, Vol.191, January-February 1992, p.115.

制与统治形式的扩容。于是,"符号资本"的暴力机制以及隐藏其后的符号统治的普遍阴影似乎就将社会关系的理解置于一个黯淡无边的境地。事实上,这点恰恰构成布尔迪厄转向反思社会学的根本缘由,他尝试通过这种社会学的反思来认识符号暴力的统治形式,进而寻求某种可能的"批判性时刻":

> 最好的社会学会对那些隐而不显的暴力形式加以锁定,无论这些形式是为了生产还是保卫统治利益,这些暴力形式也是人们口中被统治阶级所给予的苦难与不幸的罪魁祸首。所以,社会学最伟大的价值就在于,它为人们提供发现符号暴力,并能够与其作战的"武器",而正是这种符号暴力导致了社会苦难的散布。[1]

四、符号化与伦理反思

在布尔迪厄看来,符号化进程中关于"真实幻象"的本体建构同样暗示着一种可能的"解放"。如果我们对于一个基于符号资本的社会关系同样秉持一种整体的历史实践态度,那么至少它首先显明了符号资本本身也处于一种不断建构的进程。这种反思性鼓励了一种关于符号暴力及其统治本性的"正在生成的意识",即符号资本在本质上依赖于一种生产与再生产的实践逻辑、一种在此逻辑中不断进行伦理确认的永恒轮回。由此,社会关系的建构

---

1. M. Grenfell, *Pierre Bourdieu: Key Concepts*, Durham: Acumen Publishing Limited, 2008, p.183.

性保证了自主行动的可能性，而对于符号统治的反抗符码就潜藏在种种幻象背后的"异质形式"里：

> 如果世界是被建构的，那么它也能够以另一种方式被另一种语言所建构。那么，对于符号统治和暴力进行反抗的可能性就在于一种异质性的形式当中。异质性的话语——它因此摧毁了伪装清晰和自我确证的正统观念，后者是一种虚假的信念复归，一种通过中立化而达到不朽的权力——包含了一种变动不居的、具有颠覆性的符号力量，这种力量使得被统治阶级潜在的能量能够得以释放。[1]

一种"异质性"的话语实践在很大程度上要求确立一种多层次的"反思"概念。布尔迪厄指出，反思不能仅仅停留在个体层面上，而必须是一种可以公共分享和论辩的实践形式。作为一种批判性的话语实践，反思是一种包含在认知场域又从中不断生产自身的"嵌套结构"(mise en abyme)；同时，反思还是一种赋能的工具，为认识社会世界以及我们所采取的有效行动提供一种真正有依据的途径。由此，布尔迪厄赋予反思一种话语实践的核心内涵，即反思不仅是激励行动的真正源泉，更重要的是它能够超越教条、打破信念。基于这种反思的话语实践，我们才能有效地揭示那些用以建构社会政治秩序的隐性机制与符号暴力，从而导

---

1. P. Bourdieu, *Language and Symbolic Power*, Cambridge: Polity Press, 1991, p.277.

向 种基于伦理反思的联合省察。

透过符号资本及其运作方式的伦理反思,我们获得了一个重要的洞见:现代生活实践的规范性根植于一种个体人性的生命伦理。毫无疑问,这点构成连接交往、权力与符号资本的关键纽带。符号资本的象征化实践吁求一种有关现代主体身份的伦理确认,这是交往理论与权力理论要面对的共同课题。但是诚如前述,两种理论模型各自所面临的解释困境同样阻滞着这种融通。布尔迪厄指出,各种哲学解释模型或隐或显均采纳了某种客观化立场,但是这种策略事实上是"用正统的权力观来评判对于权威话语的合法授予,这种权威话语对社会世界加以界定、分级和分类,从而助长了社会秩序分异对于思想和事物的创造及再创造"[1]。因此,无论是源自交往理性的合理论辩的规范,还是基于权力运作的结构化形塑,它们均无法真正穿透那种流转于主体间的符号化的强制壁垒。质言之,现代主体的伦理确认只能在一种象征化的界面上予以展开。

从"符号资本"及其经济学转喻中所析取的这一多层次的反思性蕴含着一种符号化的实践逻辑。一方面,这种实践逻辑促动话语实践的符号化进程逐渐从"普遍(形式)-情境(案例)"的语用学对峙中实现跃迁,伴随这一象征实践,交往关系形变为一系列复杂的符号增殖,刚性的权力关系则转化为形形色色的温和隐秘的符号暴力;另一方面,如前所述,这种实践逻辑亦在"习

---

[1]. M. Grenfell, *Pierre Bourdieu: Key Concepts*, Durham: Acumen Publishing Limited, 2008, p.201.

性"和"场域"的结构化运作中塑造出一种趋向未来的游戏感，后者在一种实践经济的整体趋向性与个体行动的自主性之间确立了某种动态平衡，从而将基于交往理性与权力关系的主体确认纳入一种基于多重伦理反思的联动筹划。问题在于，面对普遍潜存在符号化进程中的符号暴力时，这种反思性的实践逻辑能否提供足够坚实的理解效能？我们看到，这一问题密切关联于布尔迪厄对（后期）维特根斯坦实践哲学意蕴的复杂重构。

实际上，"反思社会学"的批判潜能的确构成布尔迪厄实践逻辑理论的核心难题。诚如沙兹基（T. Schatzki）在《实践与行动：对布尔迪厄与吉登斯的一种维特根斯坦式的批判》[1]一文中指出，尽管布尔迪厄明言自己是一个"反表征主义者"（antirepresentationalist），但是在试图将"习性"置于某种话语分析的影响之下时，他无疑臣服于自己一向反对的那种"理智主义"（intellectualism）权威。根本而言，"布尔迪厄的错误就在于试图用'实践逻辑'这样的表述来刻画'习性'这类概念"[2]。沙兹基指出，维特根斯坦所强调的"家族相似性"的反本质主义内涵已经表明，事实上并不存在一种可以涵盖一切游戏实践的逻辑公理，同样，"我们也无法构建一种充足的实践逻辑、一种能够决定如何

---

[1]. T. Schatzki, "Practices and Actions: A Wittgensteinian Critique of Bourdieu and Giddens", *Philosophy of the Social Sciences*, Vol.27, No.3, 1997, pp.283−308.
[2]. K. Cahill, "The Habitus, Coping Pracitces, and the Search for the Ground of Action", *Philosophy of the Social Sciences*, Vol.46, No.5, 2016, p.504.

达成可理解性的充分的表征原则"[1]。由此，布尔迪厄在某种程度上"给予实践智性一种系统的表征主义的说明"[2]，从而面临一种元理论上的自我消解（self-deflation）的风险。

沙兹基的批评涉及一种"实践逻辑"的观念与一种维特根斯坦式的哲学教导是否兼容的问题，这点在方法论层面上促使我们严格审视布尔迪厄的社会学反思与维特根斯坦实践哲学之间的深层联系。事实上，布尔迪厄本人承认深受维特根斯坦哲学策略的直接影响。在《实践理论大纲》中，他在引用《逻辑哲学论》的一个断言后指出，"'哲学旨在对思想进行逻辑澄清'，在这个意义上，当前的分析或可被视作一种哲学"[3]。同样，在一次访谈中被问及与维特根斯坦的联系时，布尔迪厄回应，"就眼下所处理的难题而言，维特根斯坦恐怕是影响最大的一位。在一个智性大萧条的时代里（比如不得不质疑'遵守规则'这类常识或者必须解释'将某个实践付诸实践'（putting a practice into practice）这样简单的事物），他毋宁说是一位救世主"[4]。毫无疑问，这种理论与实践上的影响是至关重要的，它促使我们在一种实践经济逻辑以及伦理反思的视角下重返维特根斯坦哲学，并审视其思想中深刻的实践内涵。

---

1. T. Schatzki, "Practices and Actions: A Wittgensteinian Critique of Bourdieu and Giddens", *Philosophy of the Social Sciences*, Vol.27, No.3, 1997, pp.296-297.
2. Ibid., p.297.
3. P. Bourdieu, *Outline of A Theory of Practice*, UK: Cambridge University Press, 1977, p. 30.
4. K. Cahill, "The Habitus, Coping Pracitces, and the Search for the Ground of Action", *Philosophy of Social Sciences*, Vol.46, No.5, 2016, p.500.

事实上，布尔迪厄清楚地认识到"反思社会学"的科学化与理论化意图必定异质于维特根斯坦的基本旨趣。他承认自己的工作不止于维特根斯坦式的"命题澄清"，后者"意在回应各种科学上的困难而非文本解读，通过提出一种研究和确证程序从而试图克服那些困难"[1]。不过，这种表面上的旨趣差异并不能否定布尔迪厄在维特根斯坦那里获得的重要洞见，在《反思社会学导引》开篇所引的维特根斯坦的这段话中布尔迪厄无疑产生了某种深刻的共鸣：

> 洞见或透识隐藏于深处的棘手问题是艰难的，因为如果只是把握这一棘手问题的表层，他就会维持现状，仍然得不到解决。因此，必须把它"连根拔起"，使它彻底地暴露出来。这就要求我们开始以一种新的方式来思考。这一变化具有决定意义，打个比方说，这就像从炼金术的思维方式过渡到化学的思维方式一样。难以确立的正是这种新的思维方式。一旦新的思维方式得以确立，旧的问题就会消失。实际上人们会很难再意识到这些旧的问题。因为这些问题是与我们的表达方式相伴随的，一旦我们用一种新的形式来表达自己的观点，旧的问题就会连同旧的语言外套一起被抛弃。[2]

---

1. P. Bourdieu, *Outline of A Theory of Practice*, UK: Cambridge University Press, 1977, p.30.
2. [法]布尔迪厄，[美]华康德：《反思社会学导引》，李猛等译，商务印书馆2020年版，第1页。

对于布尔迪厄，反思社会学无疑指归于一种"新的"思维方式和表达形式。在他看来，社会学的任务就是揭示构成社会宇宙（social universe）的各种不同的社会世界中那些掩藏最深的结构，同时揭示那些确保这些结构得以再生产或转化的机制。因此，"实践逻辑"的职责就在于通过一种反思程序系统质询内在于包括经济活动在内的一切现代实践的有效性条件。在这个意义上，布尔迪厄似乎更加接近哈贝马斯对现代理性基石的守护。尽管他对理性的先验化已心存戒备（当然也包括哈贝马斯式的基于"语言资本"的先验语用学策略），但他仍然坚持科学理性的重要性："我捍卫科学乃至理论，尤其是当它能发挥作用，为我们提供更好的对社会世界的理解之时"[1]。因此，布尔迪厄对福柯的权力理论就抱有某种审慎的态度。他一方面与福柯一样赞成关于理性的断裂主义和建构主义的主张，以及在一种历史主义的反思态度下理解知识，但是另一方面，他拒绝福柯对科学性的悬置方式以及包含其中的反科学主义精神：

> 福柯在许多地方怀着某种认识论上的不可知态度，通过对因果性和总体性问题分别进行，且彼此独立的双重悬置，心安理得地悬置了意义问题和真理问题。然而，布尔迪厄则通过指出科学场域的运作过程而重新思考了这两个问题。这里，就像有关"非意图"策略和有关权力的一些论点那样，

---

1. [法]布尔迪厄、[美]华康德：《反思社会学导引》，李猛等译，商务印书馆2020年版，第78页。

场域概念又一次标示出布尔迪厄和福柯之间显著的分歧。[1]

这里的关键在于如何理解布尔迪厄的"新思维方式"?诚如华康德(L. Wacquant)所指出的,布尔迪厄对于社会"结构"和"机制"的关注意在凸显社会客观性的复杂维度。而无论是一种"社会物理学"的客观主义信念,还是一种"社会现象学"的主观主义信念,它们均只强化了社会客观性意蕴的单一方面。布尔迪厄则试图超越这种二元叙事,期许一种一元论的"关系主义"解释模型。概言之,"场域"由附着于权力(或资本)形式的各种位置间的一系列客观历史关系所构成,"习性"则由积淀于个人身体内的一系列历史的关系所构成(其形式是知觉、评判和行动等各种身心图式)。"作为外在结构内化的结果,习性以某种大体上连贯一致的系统方式对场域的要求作出回应,习性是通过体现于身体而实现的集体的个人化,或是经由社会化而获致的生物性个人的集体化。"[2]由此,在习性与场域合力塑造的一种整体实践感及其趋向性中,我们对于社会生活世界的理解就获得了一个摆脱了任何单义化的连贯视角:

> 一个分化了的社会并不是一个由各种系统功能、一套共享的文化、纵横交错的冲突,或者一个君临四方的权威被整

---

[1]. [法]布尔迪厄,[美]华康德:《反思社会学导引》,李猛等译,商务印书馆2020年版,第78页。
[2]. 同前,第18页。

合在一起的浑然一体的总体，而是各个相对自主的"游戏"领域的聚合。这种聚合不可能被压制在一种普遍的社会总体逻辑下，不管这种逻辑是资本主义的、现代性的，还是后现代的。[1]

实际上，正是这种"游戏感"的象征化行使，一方面使得行动主体作为一个实践理性的自主运作者得以可能，更重要的是，游戏实践有助于我们捕捉维特根斯坦思想在符号资本的淬炼中被赋予的那些崭新内涵。在布尔迪厄看来，一种在经济学转喻下象征化的实践逻辑使得有关话语实践的有效性认定突破了"具身化"（主观建构论）与"客观化"（客观实在论）的坚硬壁垒，从而能在符号资本的象征界面上捕捉社会行动的统一性符码。这点在某种程度上呼应了维特根斯坦关于"语言游戏"（以及作为其运行背景的"生活形式"）之象征品格的揭示。诚如前文所述，无论是对"语言游戏"多样性的澄清，还是对"遵守规则"复杂性的强调，无论是对"家族相似"之关系性的凸显，还是对"生活形式"之联动性的刻画，均贯穿着一种对哲学实质主义（philosophical substantialism）的拒斥，其意图即在于呈现一种蛰伏在日常生活实践内部的象征性力量。鉴于此，一方面，一种关于生活世界的现象学式的整体历史态度对于维特根斯坦而言是异质的；另一方面，那种潜存于生活肌埋，并发挥重要影响的象征性恰恰充当着

---

1. [法]布尔迪厄，[美]华康德：《反思社会学导引》，李猛等译，商务印书馆2020年版，第16页。

某种用来平衡逻辑与伦理、理论与实践、哲学与行动的"非条件性条件"（non-conditional condition）。正是这种话语实践之象征性界面上的联合实践保证了行动主体的一种布尔迪厄式的自主的伦理确证：

> 社会学正是通过将我们从对自由的幻觉中，或者更确切地说，从被错误地寄托的对虚幻的自由的信念中解救出来，而最终使我们获得了自由。自由不是什么既有之物，而是一种战利品，是一种集体性战斗的成果。然而，人们凭着一种可怜的自恋性力比多的名义，在草率作出的对各种现实的拒弃态度的唆使下，自我剥夺了那种使他们能够去构建自我（即以某种重新占有自我的努力为代价），真正地将自我建构成某种自由主体的手段。[1]

就此而言，布尔迪厄的实践经济逻辑是对这种内在于维特根斯坦思想的象征化的实践维度的一种社会学投射，它力求在一种实践经济的整体趋向性与个体行动的自主性之间保持某种深刻的平衡，并且在资本镜像下映照着一种流转于日常生活的伦理确证的实践逻辑。

自此，逻辑与伦理的漫长对峙遂汇入符号化的实践浪潮，并且显著地表达在现代性话语实践的"危机叙事"以及种种难以尽

---

1. ［法］布尔迪厄，［美］华康德：《反思社会学导引》，李猛等译，商务印书馆2020年版，第78页。

述的现代性隐忧中。这种经典的现代情绪是渐趋多元、复杂的现代化进程的必然结果,并且在以技术、专业化、信息化、后工业、后真相等为基本表征形式的当代社会中不断增生和形变。同时,"现代性隐忧"并非单纯是对现实情境的主观反应,其包含着一种拥有高度实践品格的、旨在联结社会、心理、文化、个体等要素的象征性逻辑。就此而言,一种"维特根斯坦-布尔迪厄式"的实践逻辑构想毋宁说是针对这一发源于启蒙时代的现代性状况的当代诊断。

在现代性场域中,基于这种象征性实践维度的逻辑审视,现代性批判所期许的理论效应与实践关切就并不是单纯地获得某种承纳或带离,而是在一种时时紧扣的伦理诫命中吁求一种趋向生成的"实践感"(sense of practice),借此为应对当下日趋复杂、多元、变动的现代性状况提供重要的理论导向与实践动力。更进一步,这种强有力的实践感以某种引人注目的方式呈现在维特根斯坦基于"生活形式"的实践伦理考量中,后者旨在一种"规则"与"意向"的双重叙事下吁求一种实践指引的行动伦理。

第七章
生活形式与伦理反应

> "语言的说出是生活形式的一部分。"
> ——维特根斯坦[1]

诚如维特根斯坦在其后期文本中所使用的那些特殊的表达形式，在他言及"生活形式"（Lebensform）的那些耳熟能详的段落中，我们同样无法就此概念获得一个清晰连贯的定义。[2] 表面上，表达形式的无法界定或不容界定无疑是对中后期哲学变革的一种外在呼应。众所周知，维氏后期关于哲学本性的基本诊断一方面拒绝任何依靠超级概念的秩序想象，另一方面，关于表达形式的澄清本身构成了哲学行动的基本要求。但是就"生活形式"这一具体表述而言，这种难以界定的特性反映出某些更加深层的解释困境。诚如尼达-鲁莫林（Julian Nida-Rümelin）所指出的，人们通常将"生活形式"理解为意谓和证实活动的"无以证实的终

---

1. Wittgenstein, PI, §23.
2. Newton Garver, *This Complicated Form of Life: Essays on Wittgenstein*, Chicago: Open Court, 1994, p.237. 实际上，《哲学研究》仅五次明确提及"生活形式"（其中"第一部分"出现的章节为§19, §23, §241，"第二部分"出现的章节为§1, §345），而这些段落间亦缺乏可见的逻辑关联。不过，一个概念的重要性并非与被提及的频次成正比，事实上，很多重要思想家在一些核心概念的使用上往往呈现出非凡的克制与缄默。

点"[1]、一个理解后期维氏思想的决定性的初始条件。然而，这种表面化的解读将错失一个重要的思想契机，即把"生活形式"视作证实终点或理解前件，将遮蔽这一概念在其生成史中所蕴含的高度的实践品格。我们将看到，作为一种实践策略的"生活形式"，一方面为基于意向和规则叙事的日常实践的内在规范提供了概念支撑，另一方面，也为进一步解析维氏哲学中的行动伦理内涵赋予了新的方法论视角。

一、实践化的"生活形式"

就缘起而言，"生活形式"的提出与19世纪末、20世纪初的德、法思想变革密切相关。众所周知，这场变革肇始于维柯（Giambattista Vico），经由伯克（Edmund Burke）和赫尔德（Johann Herder），最终在19世纪末的尼采及其后学中被汇聚为一种广泛的、"反启蒙"（Gegen-Auflärung）的政治文化共识。[2] 他们聚焦于作为启蒙范式之内核的理性自主，试图揭露哲学理性主义和观念论背后的自足性幻象，进而系统地反思和批判启蒙理性在实践层面上所导致的政治虚无主义及其文化专断。而在此哲学变革的潮流中，重新评估康德哲学及其理性筹划成为一项核心议题。

康德主张，作为一个真正的理性主体，其思想、知觉和经验都隶属于一个由概念、范畴和组织形式所构成的独一无二的、前

---

1. ［德］尤利安·尼达-鲁莫林：《哲学与生活形式》，沈国琴等译，商务印书馆2019年版，第7页。
2. ［以］泽夫·斯汤奈尔：《反启蒙》，张引弘等译，华东师范大学出版社2021年版，第5—7页。

后一贯的体系。这个体系"包含一个真实的结构,在其中所有的机能都是一切为了一个,而每个都是为了一切",它"长久地维持自身的不变特性",并且作为一种"合理性形式"(rational forms)广泛地运作在主体的知觉、道德与情感活动中。[1] 但诚如新康德主义者所指出的,将这种人所共有的、作为"先天综合原则"的形式结构设为理性自主的条件,将不可避免地忽视文化与生活的间距性、情境性与丰富性。事实上,不同的思想者和行动者会以多种途径为其经验赋予结构,而各不相同的范导原则体系则构成了这些途径的特色。于是,康德那种先天的合理性形式就在具体的实践场域中转化为多元的、特定的生活形式,唯有在一种特定的生活形式所规制的范围中,"任一特定的解释结构,以及表明结构具有相关性和适用性的'先天综合真理',才是必不可少的"[2]。

因此,"生活形式"一经提出就自发地承继了一个在理性反思与现代性批判中逐步发展出来的基本思路,即用来刻画某个现实情境的特定范畴和思想形式,其意义和功能均植根于这一情境所依赖的具体的共生场域。在微观层面上,这种理论上的接续关系在19世纪末的维也纳文化改革中得到了某种现实的呼应。无论是奥托·施托塞(Otto Stössl)在《生活形式与虚构形式》中关于晚期哈布斯堡文化生活的鞭挞,还是爱德华·施普兰格(Eduard Spranger)在《生活形式》中所呈现的性格学分析,他们在不同层

---

1. [德]康德:《纯粹理性批判》,邓晓芒译,人民出版社2004年版,第26页。
2. Allan Janik and Stephen Toulmin, *Wittgenstein's Vienna*, Chicago: Ivan R. Dee Publisher, 1996, p.231.

面上均倡导将"生活形式"本身视作哲学的一项基本资料。[1] 不过，从合理性形式向生活形式的过渡中，必定要求就文化与生活的间距性问题给予更为有效的解释。而他们均在不同程度上采取了一种简化方案：将原本包含在先天形式原则中的统一的规范性分化为由不同的范导性原则所统辖的局部规范。由此，"生活形式"仍然保留了关于生活风格的一种纲要式的抽象特征，但其实质上仅仅被归为合理性形式的某种替代品。

正是在此批判语境下，维特根斯坦创造性地继承了"生活形式"这一概念。如前所述，关于理性现代性的反思最终指归于康德基于合理性形式对于理论与实践关系的抽象整合，这将导致一个悖论性的后果，即关于理论与实践关系的反思必须打破这种关系才得以可能。因此，基于生活形式的理性批判就要求一种方法论上的全新省察。这一诉求在19世纪末、20世纪初维也纳智性重建中被视作一项核心要务，经过卡尔·克劳斯（Karl Kraus）与弗里茨·毛特纳（Fritz Mauthner）等人的系统发展，最终在以维也纳为代表的德语文化圈中形成了一个基本的思想共识，即一种全面、有效的社会政治文化批判必须立足于一种系统的语言批判。[2] 维特根斯坦启用"生活形式"的独创性正在于此，他将理性

---

1. Otto Stössl, *Lebensform Und Dichtungsform: Essays*, UK: Wentworth Press, 2018; Eduard Spranger, *Lebensformen: Geisteswissenschaftliche Psychologie Und Ethik der Persönlichkeit*, German: Max Niemeyer,1950. 关于两者的一份详细评论，参见 Allan Janik and Stephen Toulmin, *Wittgenstein's Vienna*, Chicago: Ivan R. Dee Publisher, 1996, pp.230-231。
2. 关于卡尔·克劳斯与弗里茨·毛特纳系统发展一种"语言批判"的详细评述，参见 Allan Janik/Stephen Toulmin, 1996, pp.67-91, pp.120-132。

批判程序的纵向接续与这一高度实践化的横向情境关联起来,"想象一种语言,就意味着想象一种生活形式"(PI:§19)。反之亦然。于是,基于生活形式的理性现代性批判就在语言批判的方法论指引下深化为一种系统的、广泛的话语实践批判。

维特根斯坦敏锐地捕捉到"生活形式"与语言活动的内在联动所释放的解释效力,他由此试图通过"语言游戏"来重新透析那种潜存于生活形式的批判性潜能。作为一种"由语言和那些交织在语言中的活动所构成的整体"(PI:§7),语言游戏将话语实践的规范秩序与一种生活形式的一致性关联起来,人们借此看清自身生活"事实上"是如何得到组织的,并拒绝任何有关生活风格形式的抽象想象。因此,生活形式与话语实践的联动性从根本上拒斥那种基于不同的范导性原则组织日常生活规范的文化专断主义,后者作为先天形式原则的经验变种,从一开始就将具体可感的话语实践排除在理性筹划的核心要素之外。正是在生活形式的实践联动中,"我们最终可以超越对纲要式生活风格的抽象讨论,并识别出人类生活的实际特征,而我们的基本概念、范畴与思想形式的有效性就取决于这些特征"[1]。

二、自主调适的实践策略

生活形式的实践化为关于理论与实践关系的现代权衡提供了新的启示,但是如何恰当地评估其中的方法论价值仍富有争议。

---

1. Allan Janik and Stephen Toulmin, *Wittgenstein's Vienna*, Chicago: Ivan R. Dee Publisher, 1996, p.231.

对此，一种经典的思路试图将这一实践化策略纳入20世纪初那种基于"生活世界"（Lebenswelt）的一体化进程，后者承认一种"从前理论的世界图景偏移至实践"的叙事框架，以此为内在于生活世界的话语实践所遵从的特定纲领寻求哲学论证。正是在此一体化的元哲学方案中，胡塞尔的"危机"现象学、经典实用主义以及日常语言哲学被赋予了某种共同的使命。[1] 由此，尼达-鲁莫林将维特根斯坦识别为上述一体化方案的潜在推行者：基于生活形式的日常语言哲学就其强调语言的实际运用而言，在一定程度上乃是前理论的形式化方案向实践范式转化过程中的一种权宜之计。他进一步指出，这种解释的不完备性一方面引起了维特根斯坦本人的"担忧"："我想说的内容或许听上去同实用主义没什么不同，一种世界观（Weltanschauung）在此阻碍了我"（OC:§422）；另一方面，由于"生活形式"对语言实践特征的过分强调导致维特根斯坦在思考话语实践的组织特性时丧失了方法论上的中立性。[2]

将理论与实践关系的审视转换为有关话语实践的特定纲领准则的探究，这一方案密切关联于那种基于局部范导性原则的推定性规范（inferential normative）。正是关于此规范秩序的特定想象构成了尼达-鲁莫林解读维特根斯坦的重要条件。其策略在于，将那种前理论的世界图景的实践化过程与如下有关维特根斯坦哲学

---

1. ［德］尤利安·尼达-鲁莫林：《哲学与生活形式》，沈国琴等译，商务印书馆2019年版，第6—8页。
2. 同前，第8页。

变革的经典叙事关联起来：从一种基于"逻辑-图示形式"（logic-pictorial form）（TLP:2.22）的语言实在论转向一种基于"生活形式"的语言使用论，后者强调用一种情境导向的实践合理性取代作为语义构成要素的真值条件。于是，生活形式的实践化最终被收敛在一种基于共同体反应的规范秩序下，这点构成温奇、克里普克[1]与布兰顿（Robert Brandom）[2]等人解读生活形式之实践内涵的一个共享原则。正是在此关于"生活世界的规范论解释中，即维特根斯坦语境中的'生活形式'，语言和沟通共同体的基本一致性体现在普遍接受恰当与正确的语言运用与沟通实践的准则中"[3]。

显然，规范论试图将生活形式纳入生活世界的整体图景，以此来保证一种基于推定性原则的形式筹划的合理性。就此而言，关于日常实践组织特征的考察有赖于对诸"规范事实"（normative facts）的确立和说明，而作为众多事实中的一类，对于"规范事实的陈述仅可通过规范性语汇才得以可能"[4]。于是，话语实践的多样性本身就被视为一种特定的规范事实，并且唯有在一种规范的陈述系统中才能获得合理解释。正是这一围绕话语实践及其多样性问题的本体设定，从根本上错失了维特根斯坦言及的"生活形式"的真正要义。他指出，语言游戏的多样性既指涉语词的实际

---

1. Saul Kripke, *Wittgenstein on Rules and Private Language*, UK: John Wiley and Sons Limitied., 1982.
2. Robert Brandom, *Making It Explicit*, Cambridge: Harvard University Press, 1997.
3. ［德］尤利安·尼达-鲁莫林：《哲学与生活形式》，沈国琴等译，商务印书馆 2019 年版，第 30 页。
4. Robert Brandom, *Making It Explicit*, Cambridge: Harvard University Press, 1997, p.197.

使用方式,也指涉游戏情境本身的多元分化,"对于所有我们称为'符号''语词''命题'的东西,都有无数不同种类的运用,而且这种多样性并不是固定的东西,一劳永逸地给定的东西,相反,随着新的语言游戏的出现,其他的则过时并被遗忘"(PI: §23)。这种多样性折射出"语言游戏"所蕴含的强烈的实践品格,它一方面强调语言的"说出"承载着特定的生活形式,另一方面强调语言在生活形式中的自我确证。因此,语言游戏与生活形式之间并非单纯推定性的概念规范关系,而是一种在具体情境导向下的多重联动与响应,后者致力于从一种范导性的结构秩序转向一种非范导的实践指引。

在更深层面上,这一基于生活形式的方法论调适意在突破"事实与规范"的传统解释框架,其聚焦的核心问题在于,如何恰当地侦测那种运行在日常实践中的共性层面。对此,一种思路接续了规范论在事实与陈述之间假定共享结构的做法,试图在"生活形式"与《逻辑哲学论》的"世界"之间建立相似的结构关系,从而赋予生活形式一种类似于世界或逻辑形式的基本本体论地位。

众所周知,TLP对于"世界-语言"秩序的想象立足于"所予"的两种分化层面:一方面是"原子事实的绝对偶然性"以及由事实构造而成的"世界的整体独立性";另一方面,则是逻辑形式由以决定"意义之可能性的终极地位"[1]。而在上述结构转换中,"生活形式"就被视作有关所予的两种分化层面的整合机制,即一

---

1. [美]菲利普·谢尔兹:《逻辑与罪》,黄敏译,华东师范大学出版社2007年版,第54页。

种基于共同体实践与习俗场域的形式规约。不难看出，这一思路蕴含某种双重的回退悖论：首先，整合的所予仍是一种所予，其中，"联结我们的是人类生活形式的某些根本给予"；其次，在整合分化的所予时，生活形式必以自身作为一种"所予"为条件，"我们准备将事物归类为离散的单位根植于人类的生活形式"。[1] 更进一步，生活形式的所予化也必将促使有关日常实践之共性层面的考察简化为一个关于"在他性世界中的依赖性"[2]问题，从而忽视了生活形式作为一种非范导的实践指引所蕴含的自主性维度。

因此，语言游戏与生活形式的联动性毋宁说是体现了一种广泛运行在日常话语实践中的自主调适，这也是"生活形式实践化"的要义所在。生活形式并非一种单纯的逻辑形式的替代物或所予规范的整合机制，而是一种植根于话语实践的多重共生的筹划与调适。就此而言，生活形式的确定性并非基于将自身作为某种规范制约的终极条件和论证原则，而是源于话语实践在其自我调适的过程中，在日常生活的整体趋向性与个体行动的情境自主性之间所达成的一种多重联动的、稳健交互的动态平衡。简言之，生活形式本身即一种实践策略，一种旨在连缀"日常-生活-实践"之联动场域的兼具自主与依赖、响应与印证、直觉与认定的行动筹划。更进一步，这一内置于哲学本性的伦理品格呈现在日常话语实践的两个彼此关联的组织层面上，即基于规则叙事的情境认

---

1. Hans Sluga, *Wittgenstein*, UK: Blackwell, 2011, p.86.
2. [美]菲利普·谢尔兹：《逻辑与罪》，黄敏译，华东师范大学出版社2007年版，第55页。

定与基于意向叙事的行动导向,它们构成维特根斯坦后期文本中的两大核心主题。

三、异质的规则

生活形式的实践化进程进一步促使我们重新审视日常话语实践的统一性和复杂性,以及两者之间潜在的张力。在惯常的解读中,人们将这一张力视作对维特根斯坦思想的一种制约。诚如斯鲁格所指出的,语言游戏中意义要素的多样性、情境构成的丰富性以及语用导向的开放性均从不同侧面表明,我们无法就日常话语实践给予一种整全性的概览和测度,而这点似乎就与维特根斯坦基于"家族相似"的反本质立场强调"综观式表现"的著名论断互不兼容。[1] 实际上,这一解读基于两个平行的定位:一方面,将维特根斯坦那些围绕"语法综观"的评论化约为一种旨在解构意义实证图景的理论权衡,其中最具代表性的方案是力图在这些评论中析取出一种紧缩论或寂静论[2]的立场,即日常表达式的意义归因有赖于一组无法诉诸理论综观的初始条件;另一方面,将日常话语实践的复杂性问题化约为一种"生活世界统一性"的随附特性,从一种"生活世界总体上维持着的相关性"[3]中寻求解释具体话语实践的覆盖性原则。显然,两种定位均试图通过在统一性

---

1. Hans Sluga, *Wittgenstein*, UK: Blackwell, 2011, pp.103-104.
2. W. Child, *Wittgenstein*, London and New York: Routledge, 2011, pp.130-134.
3. [德]尤利安·尼达-鲁莫林:《哲学与生活形式》,沈国琴等译,商务印书馆2019年版,第38页。

与复杂性之间划定一个实质的解释层级来消解两者的张力,这一方法论筹划促使问题最终再次聚焦于话语实践的共性层面及其规范内涵。这点既显著地呈现在维特根斯坦关于规则的讨论中,同时,基于规则视角的方法论探察也为我们从单纯的话语实践扩展至更广泛的日常生活实践提供了重要的契机。

众所周知,"规则"构成《哲学研究》的核心论题之一,它在呈现关于意义的心理印象主义的解释迷误、展示哲学语法的具体操练的过程中发挥着重要的作用。然而,对于规则议题的一般解读经常忽略了一个至关重要的方面:无论是维特根斯坦本人对规则问题的引入,还是诸如克里普克这样的论者对维氏规则叙事的经典重构,他们均首先着眼于一个"异常状态"的设置;前者涉及一个有关规则习得的异常教学情境(PI:§185),后者涉及一种围绕规则有效性的、被克里普克称为"怀疑论悖论"[1]的解释悖谬。这一有关异常状态的设置构成规则分析的一个原初直觉,即在维特根斯坦思想图谱中规则叙事本身蕴含着某种异质性。因此,解读规则议题的关键就在于阐明这一异质特征的内涵与功能。在维特根斯坦看来,习得并遵守一个规则(如"+2")的过程本身并不涉及任何神秘之处,而是针对这一过程的反思容易坠入一种特定的自足性幻象,"如果遵从规则涉及自行应用的规则,那么遵从规则就一定会有某种神秘之处"[2]。维氏通过一个异常教学情境揭示

---

1. Saul Kripke, *Wittgenstein on Rules and Private Language*, UK: John Wiley and Sons Limitied., 1982, p.9.
2. [美]凯利·乔利编:《维特根斯坦:关键概念》,张晓川译,重庆大学出版社 2021 年版,第 107 页。

出,"自行应用的规则"这一观念是如何将这一自足性幻象植入行动与规范的推定关系中的,"仿佛心靠着意谓飞到前面,在你借助这样、那样的有形方式完成那些步骤之前已经完成了所有的步骤"(PI:§188)。由此,规则就被想象为一种"无形地铺向无限的有形轨道"[1]。

这一有关规则自足性及其确证形式的解释显明了克里普克在重构规则怀疑论时所依赖的一个重要主张,即规则的应用以某种方式先行内置于规则之中。当这一内在化策略的合理性遭受质询时,那种体现我们主观性维度的"具心性"[2](mindedness)就被投入晦暗之中,从而在遵守规则的情形中丧失了自我理解的维度。由此,"怀疑论悖论"本身作为一种规则实践的异常状态,其本质上乃是一种规范性回退在规则情境中的变形。就此而言,自足性的设想与悖论的重构均在方法论上暴露出规则议题与规范论解释图景的深刻牵连,以及根植于这种理论关联中的客观性迷误。

诚如布尔迪厄所强调的,在审视规则实践的过程中将面临两种不确定的关系:一方面是"观察者的观点"和"行为人的观点"之间关系的不确定性;另一方面,是"观察用来阐明实践活动的构成物"和"这些实践活动本身"之间关系的不确定性。对于这种不确定性,客观主义方案承认某些诸如"重复性的统计推定"这类规则性的生成原则,并凭借语言构造解释模型从而阐明规则

---

[1]. Hans Sluga, *Wittgenstein*, UK: Blackwell, 2011, p.112.
[2]. [美]凯利·乔利编:《维特根斯坦:关键概念》,张晓川译,重庆大学出版社2021年版,第106页。

实践的规范内涵。[1]正是基于这种客观化信念，规范论仅将规则概念"不加区别地用来表示实践活动的内在规则性、科学为解释此类规则性而构建的模型、或由行为人有意识确定，并自觉遵守的规范"[2]。因此，在客观化的规范论图景中包含一种"自发性实践理论"，即强调实践活动的原则是有意识地服从一些被有意识制定和认可的规则，于是"规则性"就从一种纯粹描述性的观察推定转变为一种"支配或范导行为的规则"。[3]

布尔迪厄的评述表明，规范论的客观化策略高度依赖规则性的生成原则，这点为理解维氏规则叙事本身的异质性提供了重要的参照和印证。事实上，规范论对于规则性原则的强调立足于一种对语言游戏的狭义理解。游戏隐喻虽然有助于理解规范性规则的复杂性，但它也将日常生活实践收缩为一种"各自带有互不关联的特定规则的游戏情境"及其互动形式组成的松散网络。其中，这些互动形式会让诸如"自治或相互尊重这样的一些基本规范取向显得陈腐"，并且不同于互动实践所遵从的"规范机制由各自的权利构成，因而从方法论上根本无法评判"这一原则。[4]这种客观化策略与规则自足性之间的解释张力既暴露出有关规则的充分性、确定性与范导性的解释幻象，也促使我们重新审视规则实践的自我理解特性以及蕴含其中的强大的批判潜能，它们均与一种意向

---

1. ［法］皮埃尔·布尔迪厄：《实践感》，蒋梓骅译，译林出版社2016年版，第51页。
2. 同前，第51页。
3. 同前，第54页。
4. ［德］尤利安·尼达-鲁莫林：《哲学与生活形式》，沈国琴等译，商务印书馆2019年版，第37页。

维度的开启密切相关。

四、意向及其时间构型

在规则实践的语法分析中引入意向维度是维特根斯坦的一个重要创举。"遵守一个规则意味（means）着什么"这类问题可转译为"意在（intends）将何种方式确定为对规则的正确应用"。要点并不在于确立意向与行动的证成关系，而是强调两者在特定的实践情境中展示出的语法联动性，"一个人据以行动的意向并不像思想伴随言语那样伴随着行为，思想和意向既非勾连（gegliedert），亦非暗合（ungegliedert）"（PI:§228; ii-xi, §280）。意向属于行动的一个方面，两者之间并非简单的诸如目的论或因果论的决定关系，这点充分体现在规则实践对于意向性与默会性的整合中。布尔迪厄指出，为规避单纯的决定论图景，在规则的默会实践中，意向因素通常被转换为一种"精神的无意识合目的性"，即把一种"被定义为合目的性机械算子的无意识作为在客观上受行为人所不了解的规则支配的实践活动或制度的本原"，以此超越"在有意识趋向理性目的的行为和对决定因素的机械反应之间的抉择"。[1]

显然，作为一种"解围之神"[2]（Deus ex machine）的"无意识的合目的性"旨在将行动的意向方面置换为某种标示形式指引或范导功能的本质要素。基于这一本体承诺，意向与行动的关系就被还原至两种彼此关联的理论化的形式层面。首先，在对规则实

---

1. ［法］皮埃尔·布尔迪厄：《实践感》，蒋梓骅译，译林出版社2016年版，第55页。
2. 同前。

践的意向相关性的侦测中，"无意识"概念隐秘地植入了一种解释间距，借此将"对历史行为的遗忘所包含的合目的性自然化"，因而无意识才能将这种合目的性转化为一种用来调适决定论张力的机械算子。其次，合目的性的自然化本身伴随某种自反化的理论跃迁，后者不仅将特定实践情境的理解转化为一种理论模型的形式归因，也一并将实践的意向相关性投入一种内在化的时间意识的神秘运作，从而忽略了"产生正在形成的实践的时间实在性"[1]。由此，合目的性的自然化与时间意识的内在化构成无意识实践理论的两个核心程序，它们在客观性的同一化进程中打破了实践的时间构型，从而消解了蕴含在实践中的多重呼应的联动特征。

诚如布尔迪厄所言，所谓无意识"从来只是对历史本身生产的历史的遗忘"[2]，而具体可感的日常实践不仅在时间中展开，也将时间自身作为一种展开的策略。他由此试图将这一时间结构中的情境认定追溯至一种基于"习性"的具身化的社会性领会，这种被具身化的原则处于意识之外，并且将实践的默会维度奠基于一种"被赋予价值标准的、通过一种潜移默化的教育之隐秘说服而实现的变体所造就的身体"[3]之上。显然，这一实践的时间关联性、

---

1. ［法］皮埃尔·布尔迪厄：《实践感》，蒋梓骅译，译林出版社2016年版，第115页。
2. 同前，第79页。
3. Pierre Bourdieu, *Outline of a Theory of Practice*, Cambridge: Cambridge University Press, 1977, p.94. 在早期关于卡比尔和贝恩亚的研究中，布尔迪厄就已经对"身体"议题产生了浓厚兴趣。针对列维-施特劳斯的结构人类学对于具身性的遗忘，布尔迪厄试图通过将身体现象学与他的"社会空间"理论关联起来从而发展出一种身体关系理论，其中，"身体就像是一个实践装置般运作着，可让我们明了所有生活中的应用逻辑"。参见［法］让-路易·法比亚尼：《布尔迪厄传》，陈秀萍译，中国人民大学出版社2021年版，第180页。

具身化的社会性领会以及蕴含在领会中的意向性因素均密切地关联于海德格尔对于意向议题的著名诊断。不过，海德格尔在指出"意向性植根于此在的绽出的时间性"[1]的同时，更加强调此种非心理化的意向时间的本质性展开有赖于此在对于存在本身的源初领会。[2]抛开两者对实践深处的领会结构的解释差异，布尔迪厄的结构实践理论与海德格尔的实践现象学方案在意向议题上均与维特根斯坦共享同样的反心理主义旨趣。他们从不同角度揭示出，意向活动标示着一种人与世界的更加本质的实践关系，后者不能被简化为一个自足的心灵与一个独立的世界之间的认知关系。

如前所述，布尔迪厄将意向的时间性结构与一种具身化的社会性领会关联起来，因此，规则性的认定就被视为在具体的社会性领会中用以提供某种解释参照的"行动表象"[3]，后者将一种前认知的行动方式转化为可科学化审视的纯粹事实。海德格尔同样关切意向与行动之间的前理解的源始关联，他力图使意向性挣脱意识与心灵的主体化遮蔽，揭示出意向性作为一种纯粹的指引结构在本质上属于此在之存在论的关联整体。海德格尔将这种意向的纯粹指引称为一种"关联行止"（Verhalten），意向性实际上就是这种"关乎存在者自身，并且在存在者层次上超越着的关联行止"[4]。作为一种意向的扩容，"关联行止"旨在揭示此在本质性

---

1. [美]休伯特·德雷福斯：《在世》，朱松峰译，浙江大学出版社2018年版，第17页。
2. 同前，第56—66页。
3. Pierre Bourdieu, *Outline of a Theory of Practice*, Cambridge: Cambridge University Press, 1977, p.2.
4. [美]休伯特·德雷福斯：《在世》，朱松峰译，浙江大学出版社2018年版，第62—63页。

的共在形式，即"生存意味着通过与存在者打交道关联于自身而存在"[1]。海德格尔坚持认为这种共在性在意向与行动的常识概念中必然会遭到忽视，因此，他启用"关联行止"旨在吁求一种对"日常的、非蓄意的、正在进行的日常应对的阐述"，后者基于一种对世界的"非专题性的、非自我指涉的敞开状态"。然而，诚如德雷福斯（Hubert Dreyfus）指出的，这种本质性的自行显示的源初关联促使海德格尔必然"摆脱我们专注于蓄意行动的常识"，从而深陷于对"非自我指涉的敞开状态"的世界图景的"着迷"之中。[2]简言之，在"关联行止"的实践重构中仍旧隐秘地回荡着某种"无意识"的神秘泛音。

因此，无论是作为一种客观化结果的"行动表象"，还是作为意向扩容的"关联行止"，两者在阐明前理论的实践优先性时共享如下基本信念：对于实践关系之源始性的阐明立足于一种超越性的形式化运作。这点在布尔迪厄那里呈现为一种"习性"与"场域"之间的交互结构，在海德格尔那里则被表述为一种基于实际生活经验的"形式显示／指引"（Die formale Anzeige），两者均承担一种现象学的导引功能，旨在为实践关系的阐明确立一种基于时间性结构的整体态度。基于这一形式化方案，包含话语在内的规则实践均被划归为一种专题化的、自我指涉的蓄意行动，因而仅被视作实践关系的一种衍生样式或附属物。正是在将作为意向本质的实践关系与规则的行动情境关联起来时，显示出维特根斯

---

1. ［美］休伯特·德雷福斯：《在世》，朱松峰译，浙江大学出版社 2018 年版，第 64 页。
2. 同前，第 70 页。

坦较之布尔迪厄与海德格尔的某种深层差异。就实践分析而言，一种关于意向及其时间化"在世"（being-in-the-world）条件的海德格尔式的"彻底解释"无疑呼应着维特根斯坦在规则分析中所揭示的那种异质特性，因此"形式指引"毋宁说是规范论形式筹划的一种理论变形，而维氏强调规则异质性的深层意图恰在于显明一种有关实践规范性的形式分析必然包含某些根深蒂固的语法错置。

诚如前述，意向与规则的时间性统合并非单纯推定性的"勾连"或"暗合"，而是标示着基于生活形式的语法联动中所蕴含的一种非范导的情境认定。因此，诸如"希望"这样的意向表达从根本上乃是"复杂生活形式所产生的样式"（PI:§175; ii-i, §1），这种复杂性一方面将规则与意向之间规范关系的阐明从一种神秘缄默的形式指引转向一种自主调适的实践指引，同时，对于实践自主性的重申进一步触及在规则的情境认定与意向的行动导向中所包含的深刻的伦理意蕴。

五、基于"伦理反应"的实践逻辑

生活形式的实践化最终吁求一种基于"实践指引"的行动伦理，后者力图将意动关系的规范性内涵与"规则-意向"在时间构型中的复杂联动关联起来。但是，在一种形式筹划的现象学视野中，这种时间构型被收缩为一种旨在确保实践关系之整体态度的初始条件，而实践的自主性问题随之被抛入一种准客观化的虚拟游戏中。尼达-鲁莫林将此图景称为一种"伦理理性化"，它使得日常实践的规范机制和伦理理性的实践主体均销声匿迹，而主体"只能仅作为演员参与到生活世界的沟通互动中，并且仅能模仿规范的责任与信念"[1]。在此，尼达-鲁莫林在"游戏"隐喻中识别出了一种潜在的风险。一如维特根斯坦所展示的，游戏隐喻有助于我们理解日常生活规范及其意动关系的复杂性，但是，游戏同样包含一种误导，它将日常实践还原为相互独立的特定规则的游戏情境；而事实上，"生活世界的游戏不是孤立的，其参与者维系着持久关系，并借由自己的角色、规范的取向、目标、个人义务、生活规划及时间来界定自身"[2]。尼达-鲁莫林的批评反向印证了维特根斯坦使用游戏隐喻时所展现出的高度的虚拟性。维氏从未将日常话语实践简单地还原为一系列遵守特定语法规则的语言游戏。他使用"语言游戏"意在强调在某些习以为常的会话情境中所包含的深刻的语法错置；在语法分析的过程中，对于这种错置的呈现通常与导向一个异常（陌生）状态密切相关。由此，维氏通过游戏隐喻试图在话语实践的日常性与异常性（陌生性）之间获得一个有效的观察间距。实际上，"Spiel"本身的"表演"含义暗示了一种行动导向的间距化的方法论意蕴，这点在 PI 中那些俯拾即是的虚拟对话、假设性游戏以及假想的对话者等环节中可见一斑。

诚如在规则分析中业已指出的，这一游戏隐喻的剧场效应及其伦理理性化的规范策略从双重层面上消解了日常生活实践的伦

---

1. ［德］尤利安·尼达-鲁莫林：《哲学与生活形式》，沈国琴等译，商务印书馆 2019 年版，第 33 页。
2. 同前，第 39 页。

理意蕴。首先,基于形式筹划的理性化将特定理由设置为行动的主导因素,由此一方面导致日常实践被收缩为特定规则导向的事态赋权与价值赋能的衍生品,同时这种权能共谋的涡旋情境一并取缔了行动主体自我理解的意动基础,从而使主体逐渐丧失有关日常实践之自由前提的反思与质询。实际上,这点不但构成现代性批判与后启蒙反思的核心议题,而且即使在诸如海德格尔这样旨在克服理性主义的思想图景中,仍然通过将实践现象学的方法论调适与一种基础存在论的形式筹划隐秘地相互嫁接,从而将行动的理由归因问题转化为在形式指引下如何保证一种生存之整体趋向性的效能问题。诚如列维纳斯所批评的,这种现象学式的行动归因最终将"此在"收缩为一种本质上是无主体间性的主体性,因此"缺乏社会与伦理的维度"[1]。

其次,基于单纯理由归因的理性化策略将行动规范性问题设定为如何证成理由的合理性与正当性,这点导致在一种隐秘的文化专断中消解了人际承认与道义尊严的可能。为了规避理由归因的决定论图景,就须深度考量理由权衡的自主性及其伦理基础。对此,一种斯特劳森(Peter Strawson)式的情感主义方案侧重于对道德情感及其反应伦理的剖析,但是该方案忽视了"引导道德情感和反应观的理由"本身。理由的合理性或正当性取决于论据的好坏,"论据自身并非完全脱离情感因素,而往往由利益与感受

---

[1]. Eric Sean Nelson, "Individuation, Responsiveness, Translation: Heidegger's Ethics", in F. Schalow ed., *Heidegger, Translation, and the Task of Thingking*, Berlin: Springer Science & Business Media, 2011, p.281.

的理解，后者保存着那种辩护的束缚关系以及那种立足于实践的推理联系"[1]。

诚如特纳指出的，布兰顿试图将有关共同体反应的规范论说明与一种范导性的实践推理关联起来，这点无疑将再次遭遇前述那种规范性回退论证的困境：唯有规范说明规范，唯有理性支撑理性。实际上，"实践推理"的解释困境在于它无法将关于共同体反应的规范性阐明与某种基于事态赋权与价值赋能的双重制约相互兼容，而维特根斯坦言及共同体的根本要义即在于为这种张力提供某种可资转圜的整合空间，从而适切地恢复或重启那种被理性化图景所制约的伦理意蕴。理由归因的传统谬误在于忽视了某种运行在行动理由中的连贯性结构，后者为日常生活实践的自由前提提供了基础。理由的权衡要求主体"对其行为、信念以及可论证的情感承担责任，因为我们的生活形式意味着人的行为、信念以及部分情感是有理可循的"，而实践的自由根基就在于"我们相互赋予自由与责任，体现了相互认定为行为主体"。[2]因此，理由毋宁可被视作一种关乎实际共同体反应的多重联动的伦理调适，理由的激发能力连缀着行动的自由、理性以及责任之间的相互归因，它们是"同一种特殊能力，即受理由激发的能力的三个不同方面"[3]。

尽管自由、理性与责任的三元交互仍存在形式筹划的特征，但是这一多重联动的伦理调适促使我们将基于共同体反应的规范

---

[1]. [美]斯蒂芬·特纳：《解释规范》，贺敏年译，浙江大学出版社2016年版，第169页。
[2]. [德]尤利安·尼达-鲁莫林：《哲学与生活形式》，沈国琴等译，商务印书馆2019年版，第46页。
[3]. 同前，第130—131页。

共同决定，什么可以被视作损害了对人类生存极为重要的尊严"[1]。因此，理由权衡的前提在于一种更广泛的规范性基础，这点呼求一种超越单纯道德情感的实践伦理，后者导向一种受维特根斯坦激发，经由塞拉斯、克里普克等人发展，最终在布兰顿那里被整合为一种基于集体意向的"共同体反应"的规范性主张。[2]

诚如克里普克所揭示的，隐含在维特根斯坦规则叙事中的异质特征最终与一种"共同体"视角密切相关，基于规则统辖的成员关系根植于一种规范的共同体信念。然而，在当代行动伦理图景中，无论是罗尔斯（John Rawls）意在一种合理性的公共空间中达成一种政治自主的伦理证成，还是哈贝马斯试图将一种理想的话语共同体设定为公共理性推理的规范基础，他们均将上述有关共同体的实践信念与一种康德式的形式化方案遥相呼应。布兰顿指出这种形式化的规范策略必然招致某些认知误识和实践偏差[3]，他在克里普克的规则解释中析取了一个源自维特根斯坦的重要启示：一种规范观念的确立与共同体成员间实际的互动反应密切相关。因此，关键问题在于阐明这种"反应"（response）与相应共同体之间的伦理联结及其规范内涵。对此，布兰顿强调一种"共同体反应"在规范的和客观的领域中是同一的，尽管对他而言这些反应"只能在它们的'社会的'或规范的描述中才能得到恰当

---

1. ［德］尤利安·尼达-鲁莫林：《哲学与生活形式》，沈国琴等译，商务印书馆2019年版，第45页。
2. ［美］斯蒂芬·特纳：《解释规范》，贺敏年译，浙江大学出版社2016年版，第130—136页。
3. 同前，第167页。

观念纳入前述生活形式的实践指引中加以审视。于是，日常实践之伦理审视的重心并不在于行动规范性的客观化证成，而是澄清客观性是如何渗透、贯彻在实际的实践情境中，并成为生活形式的组成部分。这种基于实践指引的伦理调适作为一种"伦理反应"（ethical response），旨在将前述那种运行在话语实践中的多重联动的自主调适扩展至更广泛的日常生活实践，以此试图克服伦理理性化的解释困境。实际上，作为一种在时间构型中自发展开的实践筹划，伦理反应一方面立足于特定共同体反应的情境认定，同时拒绝将这种多重联动的规范效能还原为单一的理由归因。因此，伦理反应就为打破那种权能共谋的坚固壁垒、恢复实践主体的自主性提供了重要的方法论基础。更进一步，伦理反应亦包含强有力的反思功能，行动主体在多重联动的情境认定中逐渐获得一种自我理解的均衡性，借此，主体间在日常生活的整体趋向性与个体行动的情境自主性之间的实践交互中逐渐达成有效的人际承认和道义尊严。

基于这种自发性与反思性的联动机能，"伦理反应"在方法论上敦促人们将审视自身实际生活视作一项永恒的"伦理诫命"（ethical responsibility）。不过，并不能将这种自主反思的实践品格简单地转译为如下列维纳斯式的伦理主张，即伦理的本质在于理性权衡的自利行动"总是已经"（always-already）承诺了一种对他者的连贯责任[1]。尽管这一"伦理先于存在"的伦理形而上学有效

---

1. Augusta Benda Hofmeyr, "The Enigma of Ethical Responsiveness: A Philosophical Perspective", *Humanities and Social Sciences*, Vol.4, No.2 Part1, 2016, p.11.

地批判了基础存在论对于实践伦理的削弱，但是列维纳斯的伦理证成同样立足于一个有关"冷漠世界"（apathetic world）的共同体设定。在此现象学的整体态度下，自我与他者之间的共同体反应仅是一种形式指引下空洞的"伦理回响"（ethical responsiveness），从而在根本上"无助于行动者在真实生活中遭受伦理困境时采取更有效的权衡与论辩"[1]。伦理反应本身作为一种非范导的、情境导向的责任与规范，从根本上着眼于对当下实际生活经验的伦理省察，因此在方法论上可被视作一种有关生活形式之实践指引的伦理表征。在个体层面上，伦理反应为一种自主反思的伦理表达提供了关键的理解条件与情境认定，同时，在整体层面上为审视特定共同体实践的伦理限度和道义规范提供了重要的动因。由此，在一种维特根斯坦式的实践哲学教诲下，伦理反应肩负着一种恢复自我理解与重启人际尊严的实践吁求，从而为一种基于生活形式之实践指引的行动伦理权衡提供了新的契机。

---

1. Augusta Benda Hofmeyr, "The Enigma of Ethical Responsiveness: A Philosophical Perspective", *Humanities and Social Sciences*, Vol.4, No.2 Part1, 2016, p.5.

附 录
维特根斯坦著作缩写列表

BB: *The Blue and Brown Books*, Oxford: Blackwell, 1958.

BT: *The Big Typescript: TS 21*, Blackwell Publishing, 2005.

CV: *Culture and Value*, Oxford: Blackwell, 1998.

LWi: *Last Writings on the Philosophy of Psychology vol.1*, Oxford: Blackwell, 1982.

LWii: *Last Writings on the Philosophy of Psychology vol.2*, Oxford: Blackwell, 1992.

NB: *Notebooks 1914—1916*, Oxford: Blackwell, 1979.

OC: *On Certainty*, London: Blackwell Publishers Ltd, 1998.

PI: *Philosophical Investigations*, Blackwell Publishing Ltd, 2009.

PR: *Philosophical Remarks*, Oxford: Blackwell, 1975.

RLF: "Some Remarks on Logic Frorm", in *Proceedings of the Aristotelian Society Supplementary*, 1929.

RPPi: *Remarks on the Philosophy of Psychology, vol.1*, Oxford: Blackwell, 1980.

RPPii: *Remarks on the Philosophy of Psychology, vol.2*, Oxford: Blackwell, 1980.

TLP: *Tractatus Logico-Pilosophicus*, London and New York: Routledge, 2001.

WIC: *Wittgenstein in Cambridge: Letters and Documents 1911—1951*, Oxford: Blackwell, 2008.

WVC: *Ludwig Wittgenstein and the Vienna Circle*, Oxford: Blackwell, 1979.

Z: *Zettel*, Oxford: Blackwell, 1981.

后　记

大约从克里普克著名的渲染开始，"一个打动了 X 的维特根斯坦"逐渐成为一种关于解读本身的确证形式。问题在于，那些易于打动和被打动的要素之间是否存在某种共享的图示？如果存在，那么重要的就是图示而非可能的打动；如果不存在，那么这种打动的关联在何种意义上能够成立？理解的可能性盘根错节地关联理解本身的形态中，这是笔者初会维特根斯坦以来常有的疑虑。直至在一次短暂的旅行中，这种困惑获得了一种新的转化。

几年前的一个深秋，从挪威的卑尔根一路驱车穿过浩渺斑斓的松恩峡湾，最终到达位于其尽头的肖伦（Skjolden）。冷寂空旷的夜色，月光倾注的树影，岩崖间迅疾坠落的流瀑，它们曾见证维特根斯坦令人窒息的疯狂，孤绝的叹息，还有他像火一样"燃烧着心智"谱写的逻辑乐章。思想的轨迹定型于瞬间的永恒，这一略显悖谬的心绪在行至踪迹难觅的山屋地基时，以不容察觉的速度跳帧至对某种平淡无奇的深刻性的谵妄。一个虚无的逻辑时刻宣告了一个孕育全部理解的伦理空间。孤寂的暗夜既培育了哲人的灵魂，也塑造了他对待灵魂的方式。灵魂并不止于一种单纯的飞升或沉降，无尽的回旋、顿促与迟滞往往构成其惯常的姿态，而理解的基本形态就此指向一种源于灵魂深处的调适或反应。就其本性而言，理解毋宁说是一部反应的集成。

维特根斯坦曾将其工作的特质描画为关乎语词力场的侦测，在漫长繁杂的旅途中的风景素描，以及在途中应对各式语法迷惑的战斗。哲学因而被赋予一种高度的实践品格，并且指向一种特定的生活形式。本书尝试依循这种实践指引，着力捕捉、拢集哲人的反应以及关于反应的反应，就此为我们枝节交错、四散游移的生活提供一种非范导的内省轨迹。我们无法横切生活的河流，一如无法非逻辑地思考。因此，尽管不能将哲学行动视作个体生活的唯一模版，也不尽然能将维特根斯坦纳入某种典范的序列，但在某些至关重要却又莫可言喻的片刻，我们总可以心怀一种最低限度的期许去靠近维特根斯坦。

感谢我的两位导师，华东师范大学哲学系应奇教授与上海师范大学哲学系刘云卿教授。在我不曾定型的问学轨迹中，若没有两位导师的校准与鼓励，一切均不可想象。感谢上海师范大学哲学系晏辉教授，正是他的关怀与支持才使得本书能够顺利出版。感谢上海社会科学院出版社叶子女士，本书的整个出版进程均有赖她的支持与推动。感谢在写作途中所有给予我帮助的师友、同人。感谢家人一贯的厚爱；感谢我的太太，我愿将此书献给她。

最后，本书一切的内容及其可能造成的后果由本人自负。

2024 年初春，上海